家庭中的感觉统合游戏训练

王桂岐 著

中国铁道出版社有限公司
CHINA RAILWAY PUBLISHING HOUSE CO., LTD.

图书在版编目（CIP）数据

家庭中的感觉统合游戏训练 / 王桂岐著.—北京：中国铁道出版社有限公司，2025.5

ISBN 978-7-113-26719-3

Ⅰ.①家… Ⅱ.①王… Ⅲ.①感觉统合失调-训练 Ⅳ.① B844.12

中国版本图书馆 CIP 数据核字（2020）第 042721 号

书　　名： 家庭中的感觉统合游戏训练
JIATING ZHONG DE GANJUE TONGHE YOUXI XUNLIAN

作　　者： 王桂岐

责任编辑： 孟智纯　　**编辑部电话：**（010）51873697

封面设计： 刘　莎

责任校对： 苗　丹

责任印制： 赵星辰

出版发行： 中国铁道出版社有限公司（100054，北京市西城区右安门西街 8 号）

网　　址： https://www.tdpress.com

印　　刷： 河北宝昌佳彩印刷有限公司

版　　次： 2025 年 5 月第 1 版　2025 年 5 月第 1 次印刷

开　　本： 880 mm×1 230 mm 1/32　**印张：** 7　**字数：** 150 千

书　　号： ISBN 978-7-113-26719-3

定　　价： 59.80 元

家庭感觉统合训练

感觉统合理论之所以在近年来受到广泛关注，源于现代社会对儿童发展需求的深刻洞察。在过去，孩子们有更多机会在自然环境中自由探索和运动，如田野间的奔跑、山林间的攀爬等。然而，随着城市化进程的加快，孩子们的活动空间被大大压缩，他们更多地被限制在城市环境中，接触自然的机会大幅减少。这种变化直接影响了儿童通过日常活动获得的感觉刺激，进而可能影响其感觉统合能力的发展。

感觉统合失调是指大脑无法有效地处理来自身体各部分的感觉信息，导致个体在协调性、平衡感等方面出现问题。对于孩子而言，这可能表现为注意力不集中、过度活跃或反应迟钝等症状。值得注意的是，这些问题并非意味着孩子本身存在缺陷，而是提示我们需要从不同角度理解并支持他们的成长需求。

家庭作为孩子成长的第一环境，在促进感觉统合方面具有不可替代的作用。首先，家庭可以提供一个更加私密且安全的空间，让孩子们能够在熟悉的环境中尝试新事物；其次，家长可以根据自己孩子的具体情况设计个性化的训练计划；再者，亲子共同参与的过程不仅有助于增强彼此间的情感联系，还能提高训练的效果。此外，相较于专业机构提供的服务，家庭内进行的感觉统合训练成本更低，更容易长期坚持下来。

本书共分为三个部分：第一部分着重介绍感觉统合的基本理念；第二部分依据感觉统合理论的一些原理，精选了能有效促进孩子感觉系统——前庭觉、触觉、本体觉、视知觉、听知觉方面发展的家庭训练游戏；第三部分选择了生活中涉及多感觉配合的两个方面的训练游戏——手部精细动作和口腔肌肉动作训练，来综合性地训练感官的能力，让感觉统合起来，既是感觉统合的训练，也是感觉统合的运用。

本书旨在为家长们提供一套适用于家庭环境的感统训练方案，考虑到了场地限制、可用资源以及时间安排等因素，力求使每一位读者都能够轻松上手。通过这些简单有趣的活动，不仅可以有效改善孩子的感觉统合状况，还能增进家庭成员之间的沟通与理解，构建更加和谐美好的家庭氛围。

希望这本书能够帮助到每一个渴望给予孩子更好成长环境的家庭。

目录

PART 1 感觉统合理念

PART 2 促进感觉系统发展的训练内容

第三章 家庭中的触觉训练

第四章 家庭中的本体觉训练

PART 3 促进感觉相关技能的训练内容

第七章 家庭中的精细动作训练

第八章　家庭中的口腔肌肉动作训练

PART 1

感觉统合理念

在生活中，我们用眼睛看、用耳朵听、用皮肤感触、用嘴巴尝味道、用鼻子闻气味……貌似用单一的某个感官就已经能够捕获各种感觉了，感官之间独立地运作着，但实际上，真的是这样吗？感觉信息的获取和处理就是这么简单吗？

第一章 感觉统合及感觉统合训练

什么是感觉统合

当我们看到一颗柠檬的时候，看到的是柠檬的颜色、形状、表皮的样子，但输入大脑中的信息却不止于此，我们会联想到柠檬的触感、味道、气味、重量等。事实上，大脑形成这些信息的过程，感觉统合就已经参与其中了，触觉、嗅觉、味觉都在提供以往的经验信息，形成关于“柠檬”的整体判断。

一般情况下，大脑会接收身体对自身与环境的感觉信息，再对这些信息进行解读和整合判断，最后向我们的身体发出指令，做出相应的动作或回应。而感觉统合，就是指组合我们所有感觉信息的神经过程。

根据各类感官发展的特征，可以将感觉系统分为两大类型：

1. 内部感觉系统，也有人称之为潜在感觉系统。调整平衡能力的前庭觉、感受和改变姿势的本体觉，均属于这一类型。

2. 外部感觉系统。触觉、听觉、视觉、味觉、嗅觉均属于这一类型。这类感觉系统的接收器往往位于身体的表面，或接近于身体的表面。

在后续的章节中，我会对除味觉和嗅觉外的每个重要的感觉系统做出重点介绍。味觉和嗅觉是两个相通的感觉系统，家长在平时的生活中，可以引导孩子关注这方面的内容，特别是各种食物的味道及气味等，强化孩子的感知。

感觉统合的重要性

一个感觉统合良好的孩子，往往会伴随着积极的个人倾向：

1. 稳定的情绪。
2. 良好的人际互动关系，较强的环境适应能力。
3. 高效的学习效率，高水平的学习能力。
4. 较强的自控能力。
5. 较好的身体协调能力与平衡能力。
6. 自我认可度较高，容易融入集体生活。

感觉统合失调的表现

如果感觉信息输入—大脑分析—信息输出—身体反应环节中，任何一个环节出现问题，就会出现感觉统合的障碍，也称为感觉统合失调。感觉统合失调会在生活中会出现这样或那样的问题：

1. 对大的声音反应过度或恐惧，或对家人的叮嘱容易充耳不闻。

2. 比同龄人更加好动、坐不住，或比同龄人看起来更加懒惰，不愿意参与运动类活动。

3. 与他人沟通时，经常走神。

4. 动作缓慢、笨拙，身体协调性差。

5. 对力量的轻重没有明确的感知，很容易力量控制不当，撞到别人不自知。

6. 外表看起来较为脏乱，衣服常常没有穿好或穿错。

7. 做事情没有耐心。

8. 容易粗心等。

出现这些表现，有可能是由于孩子的某一个感觉或某几个感觉失调引起。如果孩子出现上述问题中的数个，就要引起家长的重视和注意。

感觉统合失调的原因

感觉统合失调的原因，学界还没有一个非常固定的说法，但有些研究成果，可以作为参考方向：

1. 胎位不正产生的固有平衡失常。

2. 剖宫产致使孩子没有通过产道的挤压即出生，缺少了第一次强烈的触觉体验。

3. 保护过度或活动空间狭小。现代家庭居住面积较小，或家长担心孩子受伤而过度溺爱，都可能导致孩子没有足够的时间和机会运用自己的动作技能，动用自己的感官，导致感觉统合体验不充分。

4. 父母的忙碌，导致孩子与他人缺少必需的肢体、肌肉和视线接触，脑刺激不足。

5. 没有经过爬行过程，直接开始行走的孩子，往往更容易产生感觉统合失调的某几类表现。

6. 孩子接触的物品、玩具，类型太过有限，体验不足。

7. 孩子天生的中枢神经发育不健全等。

感觉统合失调的预防

根据感觉统合失调的原因，可进行有针对性的预防：

1. 孕前注意。怀孕前养成良好的生活习惯，避免药物或其他有毒物质的摄入。

2. 孕中注意。准妈妈们应该保持稳定的情绪以及适宜的运动。

3. 亲子互动。宝宝出生后，父母要多与其进行语言的交流，视线、肌肤的接触，这是孩子形成良好自我认知、建立自信、发展安全依恋的基础。

4. 早期教育。给孩子充分的活动空间，提供各种玩具，参与孩子的互动游戏等，都可以促进感觉统合的发展。

什么是感觉统合训练

感觉统合训练，主要是指通过不同的训练方法，帮助孩子将来自不同感觉通路的信息更好地传递给大脑，再由大脑进行有效整合、处理，从而让身体做出正确决定，预防和改善感统失调。通过感觉统合训练，不仅可以让孩子的感觉更加协调，还可以提升孩子基本的活动能力、人际交往能力和学习能力。

感觉统合训练的原则

感觉统合的训练要符合几个原则，才能让训练的效果达到最优：

1. 安全性原则。安全是感觉统合训练的首要原则，尤其是一些翻滚、平衡类的游戏，要做好对孩子的辅助和保护。

2. 适度性原则。过度和过量的训练，既容易引起孩子的反感和抗拒，也不会产生更好的训练效果。在前庭觉训练过程中，在游戏开始或结束的时候，往往是前庭刺激最大的时候，尤其应以慢、轻为主要手法。

3. 游戏性原则。快乐而稍有压力的参与，才是让孩子愿意持续参与训练的重要原因。运用游戏的方式，趣味的导入，适宜的难度，让孩子体验成功的喜悦，又觉得趣味无穷、充满想象。

4. 互动性原则。在训练过程中，微竞争的模式、积极的反馈，都可以增加训练的可参与度。

5. 因材施教原则。不同孩子感统发展的状况不同，甚至同一个孩子在不同时间，由于情绪、饥饿、疲倦等原因，所表现出的症状也可能不一样，如触觉过度敏感和触觉反应不良的孩子，在同一种触觉训练项目中的接受度也会有明显差异，应区别化对待。

家庭感觉统合训练的特点

培训机构提供的儿童感觉统合训练，虽然配有专业的人员与器材，但是价格较贵，同时一周仅仅 1~2 个小时的训练，并不能保证持续的效果，这就使家庭中的感觉统合训练成为很多父母重点关注的内容。父母需要更好地了解家庭感觉统合训练的特点：

1. 家长的参与。家庭感统训练以家长为主导，相对于培训机构的老师，更容易得到孩子的信任，也会让孩子的表现更加自然、稳定。

2. 特殊的环境。家居环境往往受限于场地，所以家长可选择宽阔的户外。

3. 常见的用具。培训机构中使用的感统器械较为昂贵，占地面积大，并不适合大多数家庭。在家庭训练时，除了选择一些经济实惠、空间占用率低的物品，主要是利用家中常见的物品进行训练。

4. 简单的操作方式。简单而有趣的游戏，更加适合家庭环境，满足家长的需求。

5. 碎片化时间的运用。家庭感统游戏的训练，可充分利用碎片时间进行，例如等车、排队的间隙，都可以练习。

PART 2

促进感觉系统发展的训练内容

虽然我们每做一个动作或给一个反馈，都是所有感觉系统协作的结果，但在不同的活动中，仍然会有某个或某几个感觉系统占据主导的地位，提供最主要的信息。前庭觉、本体觉、触觉、视觉、听觉，每一种感觉系统都会有以其为侧重点的练习游戏。

第二章 家庭中的前庭觉训练

认识前庭觉

如果有好几个朋友一起去游乐园玩耍，这些人里面，总会有一些人特别喜欢那些刺激的项目，玩了一次还不够，总想着再来一次，一听要玩类似的加速游戏就兴奋不已；而也总是会有另一些人但凡有一点点“吓人”的游戏都不想玩，甚至是旋转木马都让他觉得眩晕……我们以前都会说这是由人的性格形成的差异，但从现代科学来看，就有可能要归因于前庭系统发展的不平衡了。

简单来讲，前庭系统就是指脑部负责判断地心引力、掌握平衡的感觉系统。它帮助人们感知自己的身体、头与地平面的关系——垂直或平行，帮助人们判断与周围环境的关系——静止或运动，从而保持平衡，避免摔倒。前庭系统依赖位于内耳的接收器来进行信息的获取，并将信息传递给中枢神经，协调肌肉做出准确的动作。

前庭觉发展的意义

前庭系统是孩子最早发展的感觉系统，几乎在胎儿 4 个月时，他们随着母亲的移动，就在接受这种刺激了。发展如此之早的前庭系统，对于孩子的成长有着非常重要的意义：

1. 协调眼部和颈部的肌肉，帮助眼部和头部获得良好、稳定的支撑，从而获得更加稳定的视觉信息，使视觉功能的发挥更完善。

2. 有利于保持优美的站立姿势。

3. 使躯体动作更加流畅。

4. 减少对空间旋转、移动的敏感度，不容易晕车、晕船。

5. 提升孩子阅读、书写以及运笔的能力等。

前庭系统对于所有的人，都有着非常重要的作用，一旦前庭功能失调，就会严重影响一个人生活的各个方面。前庭系统失常通常会有三种情况，每种情况都会产生不同的影响：

◇前庭刺激过度敏感的孩子，会有如下表现：

不喜欢跑步、骑自行车、跳舞等运动活动；

平时动作比较小心且较慢，活动量少，不愿意冒险；

容易晕车、晕船等，不愿意搭乘类似的交通工具，或在乘坐这些交通工具时哭闹；

容易胆小，肢体不是很协调等。

◇前庭刺激反应不足的孩子，会有如下表现：

喜欢自己绕圈圈，不会觉得晕；

坐在椅子上一直动来动去；

平衡感较差，容易摔倒；

喜欢有刺激感的游戏，如滑滑梯、蹦床等，乐此不疲；

喜欢快冲、跑跳、打闹等有“刺激感”的游戏；

容易撞到家具或其他物体等。

◇前庭系统左右两边协调不良的孩子，会有如下表现：

无法维持良好的坐姿；

骑自行车、爬楼梯、单脚站时，无法保持平衡；

体能游戏中容易疲劳；

没有方向感，左右分不清等。

前庭觉训练的主要方法

对于前庭系统发育不完善的孩子们而言，更加需要适度的前庭刺激才能获得更好的发展。当然，不同的孩子需求的前庭刺激是不同的。前庭刺激反应不足的孩子，需要借由冲来冲去、跳来跳去的行为来追求前庭神经的刺激，才能启动前庭系统，这类孩子要增加刺激体验，来建立稳定的前庭系统。前庭刺激过度敏感的孩子，总是害怕自己摔倒，而不愿意参加运动类的游戏，他们则需要通过从温和逐渐变化到强烈的前庭觉刺激游戏，来慢慢适应不同程度的前庭刺激，完善自己的前庭系统。前庭系统左右两边协调不良的孩子，往往由于左右协调的混乱，会出现坐得东倒西歪、手脚不协调、写反字等问题，他们需要更多整体反应性的活动，来强化左右两侧的协调能力。

也就是说，所有前庭功能失调的孩子，均需要不同程度的前庭刺激训练，只是需要的程度不同。任何有加速度的活动，都能有效地刺激前庭系统的发展，根据前庭刺激的激烈程度，可以将前庭觉的训练分为三种：

◇基本动作中的训练

在日常生活中，只要涉及颈部的移动，无论是局部的动作，如抬头、转头、摇头，还是全身动作，如翻身、爬行、走路等，都会产生大小不等的前庭刺激，所以按照孩子发展的一般规律，给予充分的机会和时间、空间进行相应的练习，既可以促进动作本身的熟练化，也可以提供基础的前庭刺激。

◇温和型的前庭觉训练

慢速、小幅度、持续性的前庭觉训练，可称之为温和型的前庭刺激训练。此类的前庭刺激，提供了一种相对“静态”、持续时间久、可预测的刺激，可达到镇定、安抚精神的作用，更适合前庭刺激过度敏感类型的孩子在初期使用。

温和型的前庭觉训练，根据孩子平衡能力的发展可以分为两个阶段：

1. 初阶训练。这类训练更加适合低龄的小宝宝，他们的前庭系统正处于积极的建构与完善过程中，可接受的前庭刺激不应该也不能太强。前庭刺激过度敏感的孩子，在训练初期，也以此种类型的训练作为基础训练。初阶训练包括以下几方面内容：

亲子互动体操，在亲子间通过身体不同姿势的互动，达到前庭刺激的效果；

被动的平衡游戏，在相对稳定的移动状态中体验平衡，一般会使用大笼球、滑板车等；

球的游戏，在地面上，利用球完成的一系列姿态调整游戏；

台阶游戏，利用软体二层或三层小台阶，来训练孩子左右两边协调的能力。

2. 高阶训练。这类训练对于孩子的平衡能力会有更高的要求，相对而言，更加适合年龄稍大一些的孩子，即基本的动作发展已经完成，或者认知和语言能力有了一定的提升，能够对指令有较好的理解能力并能快速反应的孩子。通常这一类型的训练，都要辅助相应的教具才能实施。高阶训练包括以下几方面内容：

主动的平衡游戏，利用T型椅、平衡台等教具，让孩子主动控制保持平衡；

移动中的平衡游戏，利用平衡脚踏车、小高跷等，让孩子在自动的移动过程中，尝试保持平衡；

指令类反应游戏，通过听指令来协调左右，强化左右、方向的辨别等。

◇强烈型的前庭觉训练

速度可达到中到快速、幅度较大、不规律的前庭觉训练，可称之为强烈型的前庭觉刺激。此类的前庭刺激，提供了一种更加动态、强烈、较难预测的刺激，更加适合前庭刺激反应不足类型的孩子使用。通常这一类的前庭觉训练，除了在生活中车子、电梯快速地起步、停下时可以体验和感受到外，专业训练利用一些器械也能达到，具体可以分为几个方面：

1. 跳跃，在此类游戏中，跳床、跳袋、羊角球等会增加有趣度；

2. 翻滚，可借助教具，也可以单纯以身体进行，软包大圆桶、床单、毛巾毯均可以利用起来；

3. 旋转，无论是自身旋转，还是由外物带动的旋转，对于前庭系统都有很强烈的刺激，大陀螺、转椅等主要用于这个方面的训练；

4. 晃动，走一走晃动的平衡木，相对于在静止物体上的平衡，又是另一种体验；

5. 加速度上升或下降，秋千、滑滑梯等都属于此类器械。

在专业机构中用到这些感统训练类的器械与教具，大部分都需要专门去定制或购买，也需要非常专业的辅助与引导。其中一部分器械由于价格较低、占地面积也较小，普通家庭也可以承受，建议购买，用于日常的感觉统合训练。另一部分较大型的器械，可以在其他场合找到或者使用家庭中常见的物品进行替换，但同样要注意训练中对孩子的保护与正确引导。

前庭觉家庭训练游戏

前庭觉家庭训练游戏，不仅能够增进家庭成员间的互动与乐趣，还能有效提升孩子的空间感知、平衡协调与运动规划能力。通过这些游戏，孩子们在欢笑中成长，为未来的学习与生活奠定坚实的基础。

背着走走走

适宜年龄： 0.5~2 岁

物品准备： 大的毛巾毯

游戏目标： 加强前庭刺激的输入

游戏方法：

1. 家长用毛巾毯将宝宝背在身后，如果宝宝能够自己抓紧，则不需要毛巾毯。

2. 家长背着宝宝，在家中空地走一走。

3. 家长背着宝宝走的时候，左右轻轻晃一晃，慢节奏地转个圈等。

难度调节★★

难度提升： 家长将宝宝背在背上，然后带着宝宝在地上爬一爬。

难度降低： 家长面对面地抱宝宝，一边和宝宝有视线的交流，一边轻轻地走动和晃动。

游戏解读： 家长抱着宝宝走，是一件非常平常的事情，这个过程也是对于前庭的刺激强化。与宝宝面对面的视线接触，不仅可以给予宝宝鼓励，更是亲子互动的重要因素。同样要注意的是，晃动不宜太高或太快，同时时间也不宜太长。

宝宝升降机

适宜年龄： 0.5~2.5 岁

物品准备： 无

游戏目标： 加强前庭刺激的输入

游戏方法：

1. 家长躺在床上，将双膝屈起。

2. 让宝宝趴在家长的小腿上，家长轻扶着宝宝的大臂，或让宝宝自己抱紧家长双膝。

3. 家长通过小腿的上下起伏、左右摇摆，带动宝宝体验空间的被动移动。

难度调节★★

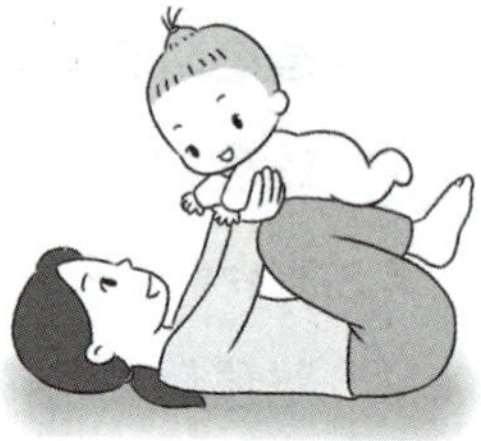

难度提升： 家长躺在床上屈膝，让宝宝下腹部紧贴家长小腿。轻扶宝宝双手，引导宝宝双臂展开、主动抓握。宝宝抬头后，家长慢慢抬起、放下双腿，让宝宝体验“起飞”和“降落”的过程。

难度降低： 家长坐在椅子上，让宝宝趴在双膝上，将小腿慢慢抬起后落下。

游戏解读： 如果宝宝在游戏过程中感到愉悦，可以稍稍延长游戏时间，加快游戏频率；如果宝宝感到不适，则需要降低幅度或将宝宝抱在怀中安抚。游戏最后，家长可以给宝宝一个大大的拥抱。

爸爸滑梯

适宜年龄： 1~3 岁

物品准备： 爸爸着布料光滑、无装饰的下装

游戏目标： 加强前庭刺激的输入

游戏方法：

1. 家长坐在椅子上，将双腿伸直。
2. 抱着宝宝坐在膝盖处，扶着宝宝的腰上下抖动一下。
3. 再将宝宝抱至大腿处，让他由上至下滑到家长的脚上。

难度调节★★

难度提升： 家长带宝宝来到户外，找到滑梯，将宝宝放在滑梯较接近底部的位置，扶着他慢慢滑下。

难度降低： 家长坐在椅子上，将宝宝放在伸直的双腿上，扶着他的腰向左右倾倒，可维持几秒钟。

游戏解读： 爸爸在宝宝的成长发展过程中起着非常重要的作用，尤其是男性本身的力量优势，使父亲更加适合带着宝宝参与感统类体能的训练。同时，父亲在亲子互动中会给宝宝带来不一样的体验，爸爸们尽量在游戏中有更多的参与吧！

膝上童谣跳跳跳

适宜年龄： 0.5~2.5 岁

物品准备： 家长着布料光滑、无装饰的下装

游戏目标： 加强前庭刺激的输入

游戏方法：

1. 家长坐在床上，将双腿伸直。

2. 抱着宝宝坐在膝盖处，双手扶着宝宝的腋下，双膝交替上下抖动。

3. 双膝交替，慢慢屈起抬高，然后慢慢落下，让宝宝体验逐步上升、下降的过程。

难度调节★★

难度提升： 在几次上升、下降后，突然将双腿打开，让宝宝落下来掉在中间。

难度降低： 可以将双膝交替抖动变成同时抖动，做同样的操作。

游戏解读： 膝上童谣当然要有童谣的参与，家长可以选择任意押韵、有趣的儿歌，以快或慢的节奏读出来即可，要注意的是，边读要边配合双膝抖动的频率，以达到最佳的效果。像爸爸妈妈熟悉的儿歌《小白兔》也可以，读的时候，如果声调能有轻重的变化，会更有意思哦！

跳跳双人舞

适宜年龄：1~3 岁

物品准备：家长和宝宝均不着袜子

游戏目标：加强前庭刺激的输入

游戏方法：

1. 家长选择一首优美的华尔兹音乐。

2. 家长先拉着宝宝的手围成一个圆圈，然后跟着音乐一起走一走。

3. 让宝宝站在家长的脚背上，随着家长的舞步，尽量保持平衡不掉下来。

难度调节★★

难度提升：宝宝站在家长的脚背上，家长跟着音乐节奏，进行缓慢的旋转。

难度降低：家长将宝宝面对面抱在怀中，随着音乐进行摇摆和旋转。

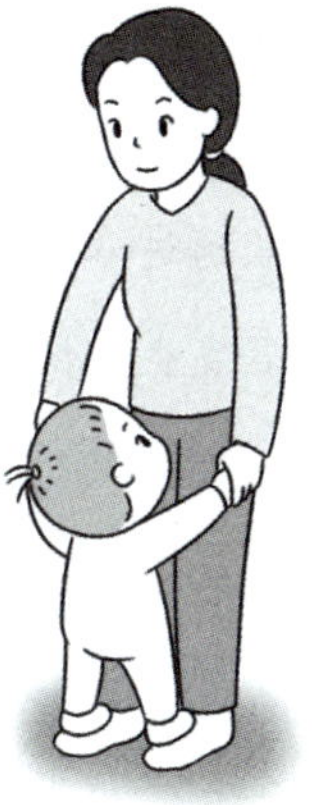

游戏解读：如果经过合理而科学的设置，音乐在感觉统合训练中，会起到意想不到的作用。另外，音乐本身对于情绪会有安抚作用，能够缓解宝宝在受到前庭刺激时的紧张感和焦虑感。在日常生活中，家长也可以积极地引导孩子体验不同风格的音乐。

小船摇摇

适宜年龄：2~5岁

物品准备：无

游戏目标：加强前庭刺激的输入

游戏方法：

1. 家长和孩子面对面，坐在床上。
2. 家长和孩子，双腿伸直双脚接触，双手伸出并对握。
3. 家长拉着孩子的手，前后左右地摆动。

难度调节★★

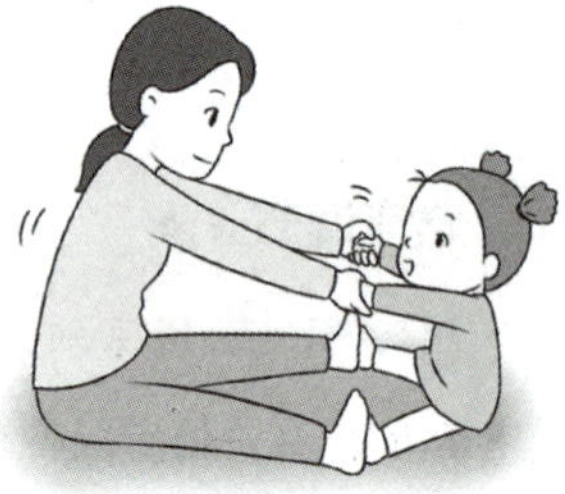

难度提升：准备一条毛巾，拧成一条。家长和孩子以相同姿势坐好，各自双手均握在毛巾条上，家长通过牵动毛巾条让孩子的身体位置发生变化。

难度降低：家长盘腿坐好，将宝宝同向抱在怀中。家长握着宝宝的手，模拟划船的动作，同时抖动双腿。

游戏解读：一首*Row your boat*可以让整个游戏更加有趣，当然，家长不妨再找一些关于其他小船的儿歌。歌曲结束后，也可以像平时做操那样，喊出节拍，如“1234，2234，3234…”，通过节拍速度的改变，来调整摇摆的速度和频率。

推·小·车

适宜年龄： 2.5~4 岁

物品准备： 无

游戏目标： 加强前庭刺激的输入

游戏方法：

1. 孩子趴在家中干净的地面上，自己用手将上半身支撑起来。
2. 家长双手各握孩子的一只脚踝，将他轻轻地抬起来。
3. 保持一会儿后，将孩子放下，依次循环。

难度调节★★

难度提升： 家长握着孩子的脚踝，让孩子自己用手在空间中移动。

难度降低： 针对年龄小的孩子，家长可以将手握在孩子大腿上方的位置，给他更多的支撑。

游戏解读： 在孩子进行位置的移动时，家长要屈膝或弯腰，来降低“小车把手”的高度，尽量让孩子的身体呈水平的姿势。对于大一些孩子，也可以激发他的想象力，如问一问他，想去哪里旅行？那里会有什么？等等。

爬上高山

适宜年龄： 2.5~5 岁

物品准备： 无

游戏目标： 加强前庭刺激的输入

游戏方法：

1. 家长和孩子面对面站好。

2. 家长握着孩子的手，让他以此为着力点，沿着家长的腿，一直走到家长的腰部。

3. 再慢慢从腰部走下来。

难度调节★★

难度提升： 待孩子走到家长腰部的时候，等孩子稳定下来后先停下来，家长轻轻地摇晃身体，让孩子在摇晃中仍能保持稳定。游戏中，要尤其注意安全或铺好软垫。

难度降低： 家长坐在床上，让孩子站在自己的大腿上，向上走。

游戏解读： 头部位置的改变、在各种姿势中保持身体平衡、感受重力等活动，都能为孩子的前庭发展提供刺激，孩子则需要在活动过程中建立信任与安全感。

点头和摇头

适宜年龄：2~4 岁

物品准备：无

游戏目标：加强前庭刺激的输入

游戏方法：

1. 家长和孩子面对面站好。

2. 家长以快或慢的速度来问孩子一串问题，孩子只能以点头或摇头的方式来回答。

3. 家长所问的问题应尽量简单，孩子不用多想就能够回答，如“你喜欢蟑螂吗？”“你喜欢糖果吗？”等。

难度调节★★

难度提升：家长准备两张图片，如红色表示点头，绿色表示摇头，让孩子根据家长出示的图片做出动作。

难度降低：家长用口令指挥，孩子做点头（下点 / 后仰）和摇头（左转 / 右转）体操。

游戏解读：观察孩子头部移动的速度和幅度，如发现动作异常，需强化练习。如果孩子点头和摇头动作技能掌握有困难，可以先做其拆解动作的体操游戏进行练习。

上上下下

适宜年龄： 3~6 岁

物品准备： 无

游戏目标： 加强前庭刺激的输入

游戏方法：

1. 家长和孩子，间隔 50 厘米左右，背对背站好。

2. 家长和孩子分别向下弯腰，双臂向下摆，尽量使双方双手能接触到。

3. 手接触到后，数 10 下，再回到站位，依此循环几次。

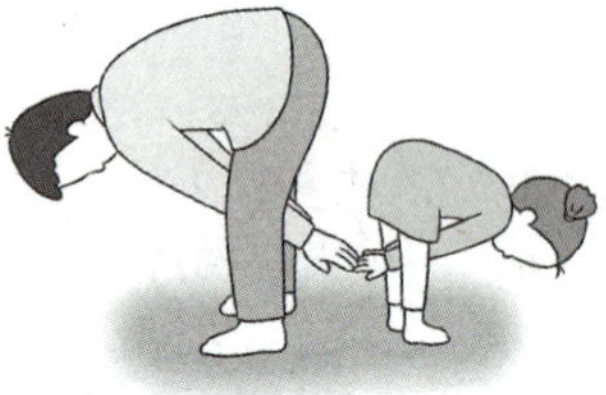

难度调节★★

难度提升： 加入 1 个球，让孩子和家长在这个过程中进行传球。

难度降低： 家长坐下，孩子站着，背对背。家长和孩子将双手朝上朝后伸，尽量使双方双手能接触到，数 10 下，回到原位，循环几次。

游戏解读： 在游戏过程中，家长要注意引导孩子眼睛追视双手移动的方向，并尽量引导孩子尝试保持平衡而不至于受伤。如果有多个孩子一同参与游戏，可以让他们排成一排，以这种方式来传球。

反转保龄球

适宜年龄：3~6 岁

物品准备：1 个球，7 个塑料瓶

游戏目标：加强前庭刺激的输入

游戏方法：

1. 家长将 7 个塑料瓶以“品”字形摆放好。

2. 孩子背对着塑料瓶，向下弯腰，双手握球，先来做准备练习，反复几次。

3. 以此姿势，将球推向塑料瓶，看看一次能推倒多少个呢？

难度调节★★

难度提升：将每个塑料瓶都标上号码，将其排成一排排，指定孩子要推倒哪个号码的瓶子。

难度降低：孩子站立，面对着摆好的塑料瓶，距离可稍微远一些，尝试瞄准击倒瓶子。

游戏解读：有些孩子在向下弯腰推球的过程中，可能会没办法保持平衡，容易向下摔倒，如果有这方面的担心，家长可以在孩子的头部附近放置软垫。此外，这个过程也是手眼协调的过程，而且是倒过来的视角，更加有趣哦！

左左右右

适宜年龄： 4~7 岁

物品准备： 无

游戏目标： 加强前庭刺激的输入，增强身体左右两边协调性

游戏方法：

1. 家长和孩子面对面站好。家长来做动作，让孩子模仿。

2. 双手举高，并抬头向上望，数到 10。

3. 向前弯腰，一只手抬高，一只手向下摸自己的鞋子，数到 10。再次双手举高，并抬头向上望，数到 10。

4. 向前弯腰，换另一只手抬高，另一只手向摸自己另一只鞋子，数到 10。此为 1 个循环。

难度调节★★

难度提升： 将左右的概念加入其中，让孩子根据指令来进行，如“左手摸右脚”等。

难度降低： 可变为家长摸孩子的鞋子，孩子摸家长的鞋子，通过调整两个人站立的距离来变化难度。

游戏解读： 在游戏过程中，要引导孩子尽量保持腿部垂直，不要弯曲，眼睛望向手移动的方向，完整循环 5 次即可。

转转转

适宜年龄： 4~7 岁

物品准备： 无

游戏目标： 加强前庭刺激的输入

游戏方法：

1. 家长选择家中一个较为空旷的场地，以与孩子视线高度差不多的物品为目标物，如门上的把手或贴一幅画等；地上做一个标记来定位。

2. 让孩子站在标记上，张开双臂与肩膀齐平，目视前方目标物。

3. 让孩子先正转两圈，然后稳定站在标记上，并注视目标物。再反转两圈，稳定自己，注视目标物。

难度调节★★

难度提升： 将旋转的时间拉长，如每个方向转 10 秒。

难度降低： 家长抱着孩子进行旋转，并引导孩子注视目标物。

游戏解读： 要注意，连续两次旋转的方向应该是不同的。同时，在旋转之前，应确认给孩子足够的注视目标物的时间，以保证旋转中眩晕感已经基本消失。如果孩子感到非常不适，应适当降低旋转频率或暂停活动。

左看右瞧

适宜年龄： 2.5~5 岁

物品准备： 一包抽纸

游戏目标： 加强前庭刺激的输入，增强身体左右两边协调性

游戏方法：

1. 孩子站在地上，家长站在孩子背后。

2. 将抽纸打开，一张纸巾露出来。家长用手拿着抽纸，在孩子背后上下左右四个方位，位置进行变换。

3. 引导孩子转头来看纸巾，并伸手将纸巾抽出。

难度调节★★

难度提升： 家长可不拿任何物品，让孩子在游戏相同的操作下，和自己来对掌，并对左右手进行要求。

难度降低： 如果孩子没有办法抽出纸巾，可以让他用手指指向纸巾所在的位置。

游戏解读： 孩子在朝背后伸手抽取、指向的时候，可要求他尽量保持身体不要动，主要通过颈部和手部的动作完成这个游戏。在交替地将手伸向不同方向的时候，可以强化孩子左右两边身体的协调性。

指指点点

适宜年龄： 2.5~5 岁

物品准备： 小贴纸若干

游戏目标： 加强前庭刺激的输入，增强身体左右两边协调性

游戏方法：

1. 家长将不同款的小贴纸粘在家中较易清洁的墙上，并在其前方的地面上做一个标记。

2. 孩子站在地面的标记上，先根据家长的引导看一看都有哪些贴纸。

3. 孩子保持站在标记上不动，根据家长的指令，用手指出相应的贴纸。

难度调节★★

难度提升： 家长可以将贴纸的位置安排得更加分散一些，并在要求中明确左右手的概念。

难度降低： 家长和孩子并排站在一起，家长的右手牵孩子的左手。家长伸出左手食指指向孩子可以够到的不同位置，要求孩子伸出右手食指来对点。

游戏解读： 贴纸的位置决定了孩子是否需要调整身体姿势。父母可根据孩子的水平，进行灵活变化。

滚动宝贝

适宜年龄：3~6岁

物品准备：被子、枕头等

游戏目标：加强前庭刺激的输入，感受翻滚的过程

游戏方法：

1. 家长让孩子躺在只铺有床垫的床上，以从俯卧到仰卧再到俯卧的方式，将自己从床尾滚动至床头。

2. 家长将被子、枕头等物品堆放在床上。

3. 再次引导孩子翻越这些物品所造成的“障碍”，从床尾滚动至床头。

难度调节★★

难度提升：家长让孩子躺在只铺有床垫的床上，双手握一个直径20厘米的球，将双手举至头顶，从床尾滚动至床头。

难度降低：家长协助孩子进行身体的滚动。

游戏解读：在孩子在床上滚动的过程中，要尤其注意他的安全，可以床头及四周加上软软的靠枕，以避免孩子撞伤自己或掉落。手中拿着球滚动，更加要求孩子对于自己的躯体有一定的控制力和平衡力。

毛巾卷一卷

适宜年龄：2.5~5 岁

物品准备：大的毛巾毯或被子

游戏目标：加强前庭刺激的输入，感受翻滚的过程

游戏方法：

1. 家长在床上将孩子用大的毛巾毯或被子裹起来，要注意将孩子头颈以上部位露出。

2. 家长引导孩子不借助双手，想办法从毯子中出来。

3. 引导孩子滚动身体，以此从被子里出来。

难度调节★★

难度提升：家长在给孩子裹毛巾毯的时候，尽量以卷的方式，顺着同一个方向来，让宝宝沿反方向滚动，连续翻滚将自己的身体滚出来。

难度降低：家长用卷的方式将孩子裹在毛巾毯中，轻轻地拉动最外面的毛巾毯，通过毛巾毯的展开让宝宝自己滚出来。

游戏解读：滚动游戏中，仍然要考虑周围环境的安全性，如周围是否有坚硬的物品或是否容易摔下去等；滚动强度的选择，也要尽量观察孩子的接受范围，宜从慢速和短距离的滚动开始。

椅子转一转

适宜年龄：3~6 岁

物品准备：转椅

游戏目标：加强前庭刺激的输入

游戏方法：

1. 家长选择一把常见的转椅。

2. 家长在旁边进行保护，让孩子自己盘腿坐在转椅上，自己来体验一下，转一转。

3. 在孩子做好准备的情况下，家长协助孩子将转椅正转三圈，停留一会儿后，再反转三圈。循环几次。

难度调节★★

难度提升：家长在不远处放一个垃圾桶，再用报纸团出几个纸球。让孩子在旋转后停下来的时候，进行投球。

难度降低：家长让孩子坐在转椅上，并在前面进行一些设置，防止孩子摔下来。推着转椅前进，偶尔可以转一个圈。

游戏解读：在被动的旋转游戏中，除了基本的旋转之外，还可以将其与一些其他的活动结合起来，如投掷、抛接、点画等，不仅可以强化孩子的整合能力，还可以提升手眼协调的能力。

大笼球摇摆

适宜年龄： 2.5~6 岁

物品准备： 大笼球或有刺大笼球

游戏目标： 加强前庭刺激的输入

游戏方法：

1. 家长将大笼球放置在家中较宽敞的地方。

2. 让孩子趴在大笼球上，家长扶着孩子的腰部或腿，让大笼球向前后左右各个方向滚动。

3. 鼓励孩子以手撑地，自己来保持在笼球上的平衡。

难度调节★★

难度提升： 可以让孩子趴在笼球上，边摇摆边投掷，也可以让他尝试以手撑地向目标爬行。

难度降低： 家长扶着孩子的腰部，让孩子坐在笼球上跳一跳。

游戏解读： 在笼球游戏中，尽量保护好孩子不要头部着地。在周围放置一些软垫也是不错的选择。此外，在孩子用手支撑地面以保持平衡的过程中，也是他在体验保护性支撑的整体反应过程。

身体不倒翁

适宜年龄： 3~6 岁

物品准备： 无

游戏目标： 加强前庭刺激的输入

游戏方法：

1. 孩子仰卧，尝试将身体尽量抱在一起。
2. 家长示范，引导孩子学习用双手抱住双膝的样子。
3. 以双手抱住双膝的样子，就像不倒翁一样，向前向后摇摆。

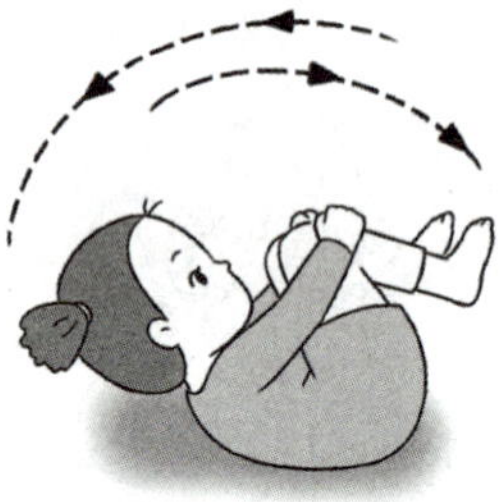

难度调节★★

难度提升： 家长边打边拍子，边让孩子根据家长的节拍进行前后的摇摆。

难度降低： 家长盘膝坐好，将孩子抱在怀中。家长双手各抱左右两膝，通过自己的摇摆让孩子体验不倒翁的运动方式。

游戏解读： 大陀螺在前庭游戏中有着重要的功能，在家庭游戏中，我们可以用自己的身体模拟“不倒翁”，来替代大陀螺的功能。当然，这个模拟的方式，仍然受到孩子动作水平成熟程度的限制，也更需要在此过程中保护好孩子的安全。

床上跳跳跳

适宜年龄：2.5~6 岁

物品准备：毛巾、床垫

游戏目标：加强前庭刺激的输入

游戏方法：

1. 家长将床上的被子取走，只留下床垫，让孩子在床垫上跳一跳。

2. 用毛巾围出一个圈，让孩子在毛巾圈内跳，尽量不要跳出圈外。

3. 家长用手打出节拍，让孩子根据节拍来跳动。

难度调节★★

难度提升：家长在孩子跳动的位置上方，吊一个软球，让孩子跳起来，去击打软球。

难度降低：对于平衡能力较差的孩子，家长可以牵着他的手或扶着他的腰，引导他来跳动。

游戏解读：跳床是前庭觉和本体觉训练中较常用的工具。很多孩子都喜欢在床上跳来跳去，这个现象说明孩子在寻找新的体验，也在适应新的体验，同时更需要新的体验。在孩子跳的时候，要注意观察其跳动的频率，以免过于兴奋发生危险。

单脚站立的舞蹈家

适宜年龄： 2~6 岁

物品准备： 椅子

游戏目标： 加强前庭刺激的输入，学习单脚站立

游戏方法：

1. 家长和孩子面对面站好，让孩子模仿家长的动作。

2. 身体保持直立，双手侧平举，慢慢地抬起右脚，数三个数后放下。

3. 再换成左脚慢慢抬起，数三个数后放下。循环几次。

难度调节★★

难度提升： 家长准备一把椅子，让孩子扶着椅子，尝试双脚脚尖站立，坚持三秒钟。熟悉后，可尝试单脚脚尖交替站立。

难度降低： 让孩子扶着椅子进行左右脚交替的单脚站立。

游戏解读： 单脚站立，其实是锻炼当运动重心变为脚部时人的平衡能力。一开始时，单脚站立可以借助外物，如大人的手、椅子靠背等，之后可以慢慢地让孩子适应自己独立单脚站立。如果担心椅子太轻，容易翻倒，可以放上重物，或由家长坐在椅子上。

钻钻爬爬

适宜年龄： 2~4 岁

物品准备： 家中的椅子、桌子

游戏目标： 加强前庭刺激的输入

游戏方法：

1. 家长将家中的下面有空间让孩子可以爬过的桌子、椅子拼成一排“隧道”。

2. 引导孩子从一头爬到另一头。

3. 家长可在“隧道”的另一头呼唤孩子，鼓励他爬过“隧道”。

难度调节★★

难度提升： 家长在拼好的“隧道”上，铺一层薄薄的毯子，让“隧道”变得更加神秘。

难度降低： 让孩子在枕头、被子随意放置的床上爬行。家长趴下来，让自己的身体变成“隧道”，让孩子钻过去。

游戏解读： 爬行游戏可以贯穿在整个感觉统合训练中，这是因为爬行动作的执行，需要全身肌肉、骨骼的协调配合。但随着孩子走、跑、跳能力的发展，他们可能并不是很愿意去爬行，这时，一些有趣的设置，会让他们更加乐于参与。

球的妙用

适宜年龄： 3~6岁

物品准备： 坐垫、篮球

游戏目标： 加强前庭刺激的输入

游戏方法：

1. 家长将一个坐垫放在距离墙面50厘米的位置上。
2. 让孩子趴在坐垫上，小腿及脚都要抬起来。
3. 孩子双手手心向外，五指相对，向墙面连续推篮球20次。

难度调节★★

难度提升： 可增加推球次数，也可以在孩子的双脚间夹一个沙袋或小球，以强化他的注意力。

难度降低： 让孩子躺在床上，在其脚向上伸直能够到的位置吊一个软球，让孩子用脚去踢这个球。

游戏解读： 在感觉统合训练中，这个游戏一般被称为“趴地推球”。随着孩子整个技能熟练度的增加，家长可以将坐垫与墙之间的距离变长，也可以增加推球的次数和时间。要注意的是，一定要让孩子的头、上肢、肘关节、小腿、脚都抬起来，才能更好地达到训练的效果。

走线

适宜年龄： 2~4 岁

物品准备： 白纸、胶带

游戏目标： 加强前庭刺激的输入

游戏方法：

1. 家长将 A4 纸剪成 5 厘米宽的长条。

2. 用这些纸条，在地上拼出“S”形和“Z”形的路线。

3. 引导孩子，双手侧平举，脚尖对脚跟地走在这些路线上，尽量不要走到路线外面。

难度调节★★

难度提升： 走在小区中，选择一条有路沿的小路，扶着孩子让他在路沿上走一走。

难度降低： 将路线变成直线，也可以直接利用地板的纹路，选择中间的一条让孩子走一走。

游戏解读： 很多孩子都很喜欢扶着家长的手，走在马路的路沿上，来寻求一种平衡的刺激体验。如果孩子逐渐地熟练，可以尝试让他自己走路沿，或单、双手拿物品走路沿并保持平衡。

向前跳

适宜年龄： 2~4 岁

物品准备： 呼啦圈若干

游戏目标： 加强前庭刺激的输入

游戏方法：

1. 家长将若干个呼啦圈并排，紧挨着放置在家中的空地上。

2. 引导孩子先来大跨步迈过呼啦圈，从一头走到另一头。

3. 再来示范如何跳进呼啦圈，再跳出呼啦圈，从一头跳到另一头。

难度调节★★

难度提升： 给孩子准备一个跳袋，或自制一个跳袋，让他钻在跳袋中，双手提着跳袋，在家中安全的地方跳一跳。

难度降低： 使用胶带在家中的地板上贴格子，让孩子跳一跳。

游戏解读： 双脚立定向前跳，对于很多孩子还是有一定难度的。呼啦圈、跳格子、跳袋等都可以吸引孩子更多地进行跳跃练习。待孩子达到一定的熟练度后，家长可以引导孩子跳 S 形和 Z 形的路线，也可以增加障碍跳等。

自制滑板车

适宜年龄： 3~5 岁

物品准备： 整理箱、绳子

游戏目标： 加强前庭刺激的输入

游戏方法：

1. 家长准备一个较为结实的整理箱，最好底部有轮子。

2. 让孩子坐在盖好盖子的整理箱上，家长推动整理箱，在家中光滑的地板上移动。

3. 家长将一根结实的绳子的一端系到整理箱上，通过拉动绳子使整理箱移动。

难度调节★★

难度提升： 准备一个小的有轮整理箱，盖上盖子，让孩子坐在上面，自己来移动。

难度降低： 让孩子坐在打开盖子的整理箱中，再用同样的方法操作游戏。

游戏解读： 滑板车，四周无倚靠的地方，相对而言，对于孩子的平衡要求会更高。在家中，如果没有滑板车，可用其他可拖动的物体代替，除了整理箱，还可以选择筐子、毛巾毯等物品。在拉动绳子时，要尤其注意让孩子先坐稳，以免将其拉翻。

独脚椅

适宜年龄： 3~6 岁

物品准备： 独脚椅

游戏目标： 加强前庭刺激的输入，改善平衡感

游戏方法：

1. 家长准备一个独脚椅，或自制一个独脚椅：找一个旧板凳，只保留一条凳腿，并将其钉在凳面下方的中间位置，变成 T 形。

2. 家长让孩子坐在独脚椅上，并尝试保持平衡一分钟。

3. 在孩子坐独脚椅期间，家长可引导孩子数数、唱儿歌。

难度调节★★

难度提升： 在孩子坐独脚椅期间，家长可引导孩子做动作游戏，如传球、抬脚等。

难度降低： 让孩子自己坐在独脚椅上保持平衡不摔倒。

游戏解读： 独脚椅的价格并不是很贵，体积也较小，可以选择购买。如果要自制，则要注意，椅腿的长度要保证孩子坐下来时，双脚自然平放在地面上，膝盖成直角。独脚椅，可以帮助孩子逐渐地在“三足”立地时，学会保持自己的平衡感。

秋千荡起来

适宜年龄： 2~6 岁

物品准备： 秋千

游戏目标： 加强前庭刺激的输入，改善平衡感

游戏方法：

1. 家长购买一个塑料小秋千，挂到家中或小区内安全合适的位置。

2. 让孩子坐在小秋千上，坐稳扶好，以免在摇晃的过程中掉下来。

3. 轻轻地摇晃秋千，让孩子体验空间的变化。

难度调节★★

难度提升： 给孩子一个球，前方再放一个桶。让孩子坐在摇晃的秋千中，尝试将球扔入桶中。家长要注意扶好孩子，确保安全。

难度降低： 家长将宝宝面朝外抱在怀中，右手从宝宝腋下穿过进行固定，左手托着宝宝的屁股，像荡秋千一样，轻轻前后晃动，让他体验空间位置的变化。

游戏解读： 秋千是很多小朋友都很喜欢的游戏项目。这个游戏不仅好玩，更重要的是在秋千摇晃的过程中，孩子的视觉和前庭觉都会得到相应的刺激。在开始进行游戏的时候，不妨将秋千的高度调低，减少过度刺激。

第三章 家庭中的触觉训练

认识触觉

我们用手去感受物品是否尖锐，用皮肤去感受天气的冷热，用脚去感受站在水中所受到的压力和浮力，这些看似微不足道的感受，其实都是触觉系统要告诉我们的信息，并产生着绝对值得所有人重视的作用。试想，如果我们没有办法分辨一个东西是否尖锐，很可能在触碰中伤到自己；如果我们没有办法判断天气的变化，就很有可能在热天中暑、冬天着凉……可以说，触觉系统以其微弱的存在感，影响着我们生活的各个方面。

简单地说，触觉系统就是分布于我们全身皮肤上的神经细胞去接收不同的感觉信息，如温度、湿度、疼痛、压力和震动等。

触觉发展的意义

触觉接收器在我们全身分布最广也最多，如此庞大的触觉系统在孩子整体的发展与成长中起着非常重要的作用：

1. 帮助孩子更好地建立对于自己身体的概念和认知。

2. 更有安全感、更有自信地进行探索和学习。

3. 促进孩子本体觉的发展。

4. 协助其他感觉系统，更加立体而有效地学习形状、质感、轻重等。

5. 增强自我保护能力等。

触觉系统几乎无时无刻不在发挥作用，只要我们身体的皮肤与其他物品发生这样那样的接触，无论是贴身的衣物、手边的工具，抑或是透明的空气，触觉的接收器都会把相应的信息传递给大脑，进行着复杂的加工。有些孩子会因为触觉系统的过度敏感或者感应不良，在传递这些信息的时候不准确、不完全，而导致大脑指挥身体做出不恰当的判断。

触觉过度敏感的孩子会有如下表现：

1. 不喜欢洗脸、洗澡或洗头发。

2. 不喜欢穿袜子或戴帽子、手套等，穿上就要自己揪掉或蹭掉。

3. 不喜欢穿新衣服。

4. 拒绝陌生人的碰触，甚至是其他人善意的拍肩或拥抱。

5. 不喜欢玩沙子、颜料、泥土等会把手或其他身体部位弄脏的游戏，弄脏以后会显得很生气，或马上要去洗。

6. 有时候会踮脚尖走路，以减少和地面接触的机会。

7. 不愿意尝试或接受新的口味，或在食物温度上尤其挑剔。

8. 疼痛反应过度，即使过了一段时间，也会常常提起这件事情。

9. 情绪起伏大，容易莫名哭泣或生气等。

触觉反应不良的孩子会有如下表现：

1. 反应迟钝，只对非常强烈的触碰和刺激有反应。

2. 容易丢三落四。

3. 对于撞到别人没有歉意，因为他感受不到碰撞到他人的疼痛。

4. 衣服穿得乱七八糟，或脸上、手上有脏东西，自己没有感觉。

5. 双手操作能力、使用工具的能力差。

6. 喜欢摸被角、抱枕头入睡。

7. 喜欢咬手指或指甲。

8. 非常怕黑，如不敢戴眼罩，觉得不借助视觉的帮助，很难单纯由触觉来认知事物等。

触觉训练的主要方法

给孩子更多的触觉发展机会，接触不同材质的物品，让皮肤的触觉接收器接收更多的感觉信息，并慢慢地适应性地传递给大脑合适而准确的信息，是触觉训练的主要方法。无论是触觉过度敏感还是反应不良的孩子，都需要增加触觉体验来进行矫正，当然，这两种情况的孩子所需要的触觉刺激的强度会有所差别。

根据触觉信息类型的不同，以及身体触觉感受的部位不同，可以将触觉训练划分为几个方面：

◇全身触觉训练

由于触觉的接收器遍布全身的皮肤，针对全身的触觉感知与训练是非常必要的。触觉可感受到的信息除疼痛外，都可以作为触觉训练的内容：

1. 全身性触感接触，用不同材质的物品给孩子进行全身性的按摩。

2. 感受不同的温度和湿度，空气、水、沙、泥，都可以提供这些感受。

3. 感受压力，体验适度的挤和压，也是一种重要的感觉。

4. 感受震动，震动也是一种可以传递的触觉信息。

在进行全身触觉训练时，通常用到以下物品：

1. 毛巾、触觉刷、海绵块、按摩球、梳子，都可以给孩子全身提供不同的触感。

2. 水、沙、莲蓬头、水枪，巧妙利用，可以让孩子全身都感受到温度和湿度的变化。

3. 大笼球、棉被、洗衣机或烘干机，可以作为压力或震动游戏的道具。

◇手部及脚部触觉训练

我们的手指和脚趾分布着非常密集的神经末梢，这也意味着手指和脚趾有更多的触觉感受器，需要更多的触觉体验。针对手指和脚趾的触觉训练，也可以从触觉信息的不同类型进行分类：

1. 感受不同的触感，通过手部操作、脚部踩压不同质感的物品，增加触觉体验。

2. 感受不同的温度和湿度，通过手的接触去体验较为细微的差异。

3. 通过手来比较轻重、触摸震动的物品，去体验压力感和震动感。

在进行手部和脚部触觉训练时，通常用到以下物品：

1. 不同材质的布料、不同的豆子、不同的纸张、不同的饼干等，在操作过程中，孩子都会有不同的触觉感受。

2. 面粉和水，通过一定比例进行调和，是体验湿度变化的好方式。

3. 加上眼罩，会让孩子的触觉体验更加集中。

4. 会发声的玩具或手机，不同轻重的物品等，让孩子感受压力或震动。

◇脸部及口腔触觉训练

孩子的脸部及口腔同样分布着大量的触觉接收器，影响身体整体的触觉感受力。可以说，在婴儿期，宝宝们就是通过口和手的触觉来认识和探索外界事物，他们凡事都要用嘴巴尝一尝，用手来摸一摸，可以通过脸部按摩、口腔按摩及其他操作来强化这些身体部位的触觉发展。关于脸部及口腔触觉训练，会在第八章“家庭中的口腔动作训练”中，作为一个重点，进行更加完整而详细的介绍。

触觉家庭训练游戏

触觉家庭训练游戏，通过亲子间的互动与玩乐，不仅加深了情感的联结，还极大地促进了孩子触觉敏感度的提升与精细动作的发展。这些游戏寓教于乐，让孩子在温馨的氛围中健康成长，为感知世界的多样性打开一扇窗。

抚触操

适宜年龄： 0~1 岁

物品准备： 触觉刷或海绵块

游戏目标： 提升孩子全身的触觉感受力，增强亲子沟通

游戏方法：

1. 家长在宝宝洗澡后，用毛巾给宝宝轻轻地擦干水。

2. 宝宝不着衣物躺好，家长用自己的脸轻轻触碰宝宝的皮肤。

3. 用海绵块或触觉刷轻轻地刷孩子的双手、双脚及背部和臂部，每个部位 1 分钟左右即可。

难度调节★★

难度提升： 家长可以将工具换成一个圆圆的小软球，在孩子的身体上滚一滚。

难度降低： 家长可以用手来给孩子做抚触操，轻轻地帮孩子擦抹婴儿润肤乳。

游戏解读： 家长在做这个游戏之前，须将手上的戒指、手链等摘掉，并保持手指干净、指甲圆润，以避免划伤孩子。在游戏的过程中，家长一定要注意和宝宝有视线的接触，并通过亲切的语言，进行亲子交流。

戏水游戏

适宜年龄： 1~5岁

物品准备： 浴盆

游戏目标： 提升孩子全身的触觉感受力，感受水的浮力

游戏方法：

1. 家长将室温调到27摄氏度左右。

2. 让孩子坐在浴盆中，家长从浴盆中将水撩到孩子身体的每个部位。

3. 给孩子一些适合洗澡时玩的塑胶玩具，让他自己将这些浮在水面上的玩具使劲儿按到水中。

难度调节★★

难度提升： 一些可作为容器的洗澡玩具，如不同大小的杯子，可以让孩子边玩水边体验容积的意义。

难度降低： 在戏水游戏即将结束时，家长让孩子用手拍打水面，让水花溅出来。

游戏解读： 戏水游戏的时间不宜太久，10分钟左右即可。几乎所有的孩子都喜欢玩水，但有一部分孩子却很讨厌洗澡、洗脸等所有相关的项目，这是由于触觉过度敏感或以前的不良体验导致的，家长要仔细辨别，再进行相应的训练。

虫虫爬

适宜年龄： 0.5~4 岁以上

物品准备： 无

游戏目标： 提升孩子全身的触觉感受力，增强亲子沟通

游戏方法：

1. 孩子平躺在床上，家长先来和孩子互动一会儿。

2. 家长右手食指、中指变成会走路的小虫子，在孩子身体上爬一爬。

3. “虫虫爬”的时候，家长可边配合动作节奏边说“小虫子慢慢爬，慢慢爬”或“小虫子快快爬”。

难度调节★★

难度提升： 家长准备一个触觉球，在孩子身上滚一滚，告诉孩子说“这只小刺球要在你身上滚一滚了”。

难度降低： 家长食指变成小虫子，一伸一缩地在孩子的手心、脚心爬来爬去。

游戏解读： 家长也可以边做游戏边有节奏地读一读孩子平时熟悉的儿歌。在触觉游戏的过程中，很大一部分的触觉体验会来自于亲子间的皮肤接触，这种接触在整个童年早期都有其不可替代的作用。

吹气和哈气

适宜年龄：0.5~3 岁以上

物品准备：无

游戏目标：提升孩子全身的触觉感受力，增强亲子沟通

游戏方法：

1. 家长和孩子面对面，家长朝孩子吹气，把孩子的头发吹起来。

2. 家长拿过孩子的右手，同样地朝手背吹气，让孩子感受凉凉的风。

3. 家长拿过孩子的左手，再来朝手背哈气，让孩子感受暖暖的风。

难度调节★★

难度提升：让孩子学着家长的样子，用小嘴巴制造出凉凉的风和暖暖的风吧。

难度降低：将一个气球吹足，家长捏着气球的口，让空气慢慢地释放出来，在孩子身体的不同部位移动。

游戏解读：温度和气流的不同，会让吹气和哈气所产生的触觉体验也不同。这个游戏可以让孩子集中注意力去体验和感受细微的触觉差别，同时家长也要辅之以词语，如“凉凉的”“暖暖的”等，去强化认知。

生活中的奇妙工具

适宜年龄： 1.5~4 岁以上

物品准备： 梳子

游戏目标： 提升孩子全身的触觉感受力

游戏方法：

1. 孩子坐好，家长用一把木质或牛角梳，来给孩子梳一梳头发。

2. 梳的动作要轻柔，先由上至下，再由下至上，也可以向左、向右反复来梳。

3. 家长准备两把疏密程度不同的梳子，交替来给孩子梳头发。

难度调节★★

难度提升： 家长使用莲蓬头，保持水温恒定，将水流调成不同的大小，冲一冲宝宝身体的各个部位。

难度降低： 将透明的丝巾放在孩子头上，反复拉下和盖上，让孩子体验头顶有无丝巾的触觉。

游戏解读： 生活中一些常见的物品，可根据其功用及材质带来的特别触感，巧妙地用在触觉训练游戏中。通过增加一些头部触觉的体验，可以调适孩子头部皮肤的敏感度，减少对于戴帽子、洗头、剪发的排斥感。

压一压

适宜年龄：1.5~4 岁以上

物品准备：厚的垫子

游戏目标：提升孩子全身的触觉感受力，增强对压力感的体验

游戏方法：

1. 孩子躺在家中两个大的垫子中间，颈部以上位置要露在外面。

2. 家长轻轻地按压上面的垫子，让孩子感受一定的压力感。

3. 家长尝试在上面的垫子上陆续再加一些物品，如枕头、抱枕、被子等。

难度调节★★

难度提升：在上面的垫子上，用大笼球从身体的一端滚到另一端。

难度降低：孩子头露在外面，在一层被子外面再盖上一层，让孩子自己坚持一会儿，从被子里钻出来。

游戏解读：在游戏的过程中，家长要细心观察孩子的表情，如果孩子觉得不适可调节力度或暂时停止。对于触觉过度敏感的孩子，可选择质地较为柔软的垫子，慢慢地适应，逐渐强化。

蛋卷卷一卷

适宜年龄： 2~6 岁以上

物品准备： 一床被子、有刺大笼球

游戏目标： 提升孩子全身的触觉感受力，增强对压力感的体验

游戏方法：

1. 让孩子躺在一床被子的一端，头露在被子外面。

2. 家长告诉孩子要开始“卷蛋卷”了，将孩子用被子卷起来。

3. 家长将有刺的大笼球，放在卷好的“蛋卷”上，轻轻地压一压，再从身体的一端滚到另一端。

难度调节★★

难度提升： 家长的手在卷好的“蛋卷”上，从上到下给孩子按摩一遍。

难度降低： 孩子躺或趴在地上，家长让大刺球直接从孩子身上的一端滚向另一端。

游戏解读： 压力感也是一种重要的触觉体验，身体裹在被子里面时，会强化外部而来的压力感。如果去沙滩，家长可以让孩子试着将自己的脚、小腿或者手埋在浅一些的沙子里，再在上面放上各种各样的东西。

大球挤一挤

适宜年龄： 2~6 岁

物品准备： 粗面大笼球

游戏目标： 提升孩子全身的触觉感受力，增强对压力感的体验

游戏方法：

1. 将粗面大笼球平放在地上。

2. 让孩子先站着抱一抱粗面大笼球，然后将脸侧面贴在上面感受一下。

3. 让孩子趴在大笼球上，扶着孩子的腰上轻轻地压一压，感受球的弹性。

难度调节★★

难度提升： 让孩子靠在墙角，家长将一个粗面大笼球推向孩子，并将大笼球稍用力向孩子挤一挤。

难度降低： 对于触觉敏感的孩子，可将粗面大笼球换成光面大笼球，降低触觉刺激的强度。

游戏解读： 粗面大笼球，指表面有颗粒的大笼球，孩子在接触这一类型的球时身体会产生强烈的触觉体验。家长们不妨自己也来试一试这个游戏，感受一下自己是否也存在触觉过度敏感的问题。

触觉小路

适宜年龄： 2~6 岁

物品准备： 家中不同材质的物品，如毯子、围巾、颗粒填充的枕头、泡泡包装纸、海绵垫等

游戏目标： 提升孩子全身的触觉感受力，强化脚部的触觉体验

游戏方法：

1. 家长将家中不同材质的物品在宽敞的平地上摆出一个圈。
2. 让孩子用手膝爬行的方法，在上面爬一爬。
3. 再来试一试用手足爬行的方式爬一爬。

难度调节★★

难度提升： 将不同材质的物品拼成一块大的地垫，让孩子在上面进行连续的侧翻滚。

难度降低： 家长将不同材质的物品拼出一条稍短的小路，让孩子在上面走一走。

游戏解读： 在游戏中让孩子将鞋袜都脱掉。当孩子逐渐适应不同材质的触感后，家长可以尝试将各材质物品的间隔稍稍拉开一些，让孩子能够更加伸展地做动作。此外，尤其要注意孩子的安全，四周不要有尖锐物品，以防孩子受伤。

跳跳泡泡纸

适宜年龄：3~6 岁

物品准备：泡泡包装纸、胶带

游戏目标：强化脚部的触觉体验

游戏方法：

1. 家长准备一块大一些的泡泡包装纸，用胶带固定在家中一块较为宽敞的空地上。

2. 脱掉孩子的鞋袜，让孩子在泡泡包装纸上走一走。

3. 让孩子在泡泡包装纸上原地向上跳一跳。

难度调节★★

难度提升：让孩子以立定跳远的方式，连续跳到有一定距离的泡泡包装纸上。

难度降低：家长引导孩子尝试用脚去踩破泡泡。

游戏解读：相对于经常摆弄各种物品的双手而言，我们的双脚对于不同材质物品的触觉感受会更加敏感，这也是很多人没有办法忍受脚心被挠痒痒的原因之一。双脚经常包裹在鞋袜里的孩子，要比经常赤脚玩耍的孩子，更不容易忍受多样的触觉刺激。

脚趾上的功夫

适宜年龄： 3~6 岁

物品准备： 水盆、水、没有尖锐棱角的小玩具

游戏目标： 强化脚部的触觉体验

游戏方法：

1. 家长在一个大一些的水盆中盛三分之二的水。

2. 让孩子一只脚站在水中，再在水中放一些小玩具，有的浮在水面上，有的沉在水底。

3. 让孩子用脚将这些小玩具从水中夹出来，放在外面的容器中。

难度调节★★

难度提升： 让孩子闭上眼睛或者选择有泡沫的水，在视觉不参与的情况下，完成这个游戏吧。

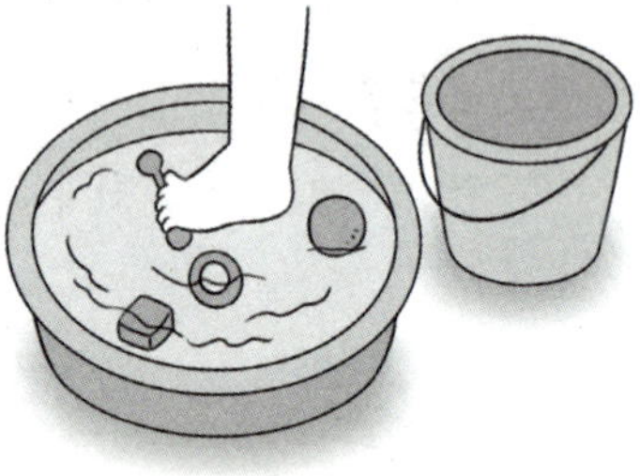

难度降低： 让孩子坐在浴盆旁边的小凳子上，完成这个游戏。

游戏解读： 孩子站立完成这个游戏时，家长可以扶着孩子的手，给他一些辅助。同时，左右脚也可以交替地进行这个游戏，以达到身体两侧技能的平衡发展。放入水中的小玩具，最好有平滑的平面，避免孩子踩到受伤。

我画你猜

适宜年龄： 2.5~5 岁

物品准备： 无

游戏目标： 提升孩子全身的触觉感受力

游戏方法：

1. 孩子尽量穿薄一些、贴身的衣服，如背心、T 恤等。
2. 家长让孩子闭上眼睛，然后在孩子背后画出不同的形状。
3. 让孩子说一说画的是什么形状。

难度调节★★

难度提升： 家长在孩子背后写简单的汉字，让孩子将这个字写在纸上。

难度降低： 准备几个基本形状的积木，每次呈现两个。家长在孩子的胳膊上或手心画形状，让孩子从积木中挑出画的是哪一个。

游戏解读： 确保家长手指无倒刺，且用指腹来画形状，而不是用指甲划。从已经有的答案中选一个出来，会让难度降低，但家长也可观察一下，孩子是否在乱猜。闭上眼睛，既增加了难度，也可以让触觉的感受力更集中哦！

从面粉到面团

适宜年龄： 2.5~5 岁

物品准备： 面粉、水、面盆

游戏目标： 增强双手的触觉体验，提升孩子对温度的感受

游戏方法：

1. 在面盆中放一些面粉，让孩子自己来抓一抓、捏一捏，感受一下面粉等。

2. 家长在面粉中加一点点水，让孩子自己来和一和面。

3. 再加多一些水，让面粉更“湿”一些，让孩子再来体验一下。

难度调节★★

难度提升： 和好面后，黏黏的面都糊到了手上，请孩子自己想办法清理一下吧！可双手互搓，也可以用水洗掉哦！

难度降低： 家长用手指捏一些面粉分别放在孩子的手背上、手臂上、小腿上，让孩子自己将其抖下来。

游戏解读： 面粉和面团，本身的质感非常不一样，而从面粉到面团，随着面粉和水的比例不同，所带来的触觉体验也相差很大。如果孩子完全无法忍受面粉粘在手上的感觉，要立即进行清理，家长就要警惕孩子是否存在触觉过度敏感的问题了。

藏起来的小豆子

适宜年龄：3~5 岁

物品准备：面团或橡皮泥团、豆子

游戏目标：增强双手的触觉体验

游戏方法：

1. 家长准备一团面团或大一些的橡皮泥团，将其压平成一个圆饼。

2. 将 10 颗豆子均匀地放在面饼上，然后将面饼折起来，将豆子包裹在中间。

3. 让孩子用手探索，将所有豆子全部找出来吧。

难度调节★★

难度提升：孩子闭上眼睛或戴上眼罩，完成这个游戏。同时，在旁边放一个容器，让孩子将豆子放在容器中，并在闭眼状态时进行数量的确认。

难度降低：孩子用食指在面团上戳出一个个小洞，将豆子放进去。

游戏解读：在游戏过程中，家长要注意豆子的数量，在游戏开始和结束时都要确认豆子的数量，以免孩子将豆子塞入耳朵或鼻子中。当然，家长也可以换再大一些的豆子，以降低难度。

压碎脆饼干

适宜年龄： 2.5~4 岁

物品准备： 脆性饼干、透明塑料袋

游戏目标： 增强双手的触觉体验

游戏方法：

1. 家长准备几块脆性饼干，和宝宝一起来将它们掰成小块。

2. 让宝宝将掰成小块的饼干，分别捡起来放入小一个塑料袋中。

3. 将塑料袋放在桌子上，让孩子用拇指把饼干压碎吧。

难度调节★★

难度提升： 将几块饼干放入塑料袋中，孩子用双手手掌将其压碎，并将其中大的颗粒用手指捏碎。

难度降低： 将几块饼干放入塑料袋中，孩子用小木棒将其敲碎。

游戏解读： 用力将饼干捏碎或敲碎的过程，既是在发展孩子手部的力量，也是在发展他的本体觉，同时也可以让宝宝内心小小的破坏欲得到发泄。聪明的家长们，不妨将碎掉的饼干屑利用起来，变成一个小小任务的必要环节吧，如撒在涂好果酱的面包上、撒在粥中。

沙上写字

适宜年龄： 2.5~6 岁

物品准备： 深一些的盘子、沙子

游戏目标： 增强双手的触觉体验和手部的控制力

游戏方法：

1. 家长将沙子装在盘子中，沙子厚度约为 1 厘米即可，沙子装好后，盘子仍有一定的深度未被全部覆盖。
2. 让孩子自己在沙子上随意画一画。
3. 想画新的内容时，可双手端着盘子轻轻晃动，将沙子晃平。

难度调节★★

难度提升： 家长可给孩子带有数字、字母或形状的卡片，让孩子按照卡片的内容在沙子上画出来。

难度降低： 让孩子在有水汽的玻璃窗上随意画一画。

游戏解读： 沙子和水，对于孩子们而言，有着神奇的吸引力。在玩沙、玩水的过程中，接触到沙和水的身体部位都会受到一定的触觉刺激。在这个游戏中，家长可以直接购买游戏沙，也可以自己弄一些海滩上的沙子进行简单的加工，使之更加安全卫生。

摸猜物品

适宜年龄： 2.5~5 岁

物品准备： 眼罩，其他小玩具

游戏目标： 增强双手的触觉体验

游戏方法：

1. 家长给孩子看三个玩具，让他先来摸一摸玩具的质感。

2. 给孩子戴上眼罩，然后从三个玩具中选择一个递给他，让他猜一猜这个玩具是什么。

3. 摘下眼罩，让孩子再来确认一下。

难度调节★★

难度提升： 将玩具的相似度提高，如三个不同形象的毛绒玩具，或三辆不同的合金车，让孩子通过触摸来猜一猜。

难度降低： 同样的操作过程，但准备一个不透明的袋子，让孩子在袋子中摸一摸是哪个玩具。

游戏解读： 对于戴眼罩有抗拒情绪的孩子，可以改为将物品放在一个不透明容器中，让孩子伸手进去触摸来感知。在游戏中，家长可以通过触觉过程的变化，来强调不同的触觉信息，进行有针对性的强化，如选择不同厚度的两本书、软硬不同的两块积木等。

轻和重

适宜年龄： 3~5 岁

物品准备： 透明的小桶、沙子

游戏目标： 增强双手的触觉体验，提升对压力感的体验

游戏方法：

1. 家长准备 2 个透明的小桶，并在小桶中装上重量差异明显的沙子。

2. 让孩子先来看一看小桶中沙子的高度，猜一猜哪个小桶更重。

3. 让孩子亲自拎一拎小桶来感受和确认一下吧！

难度调节★★

难度提升： 请孩子像天平一样，伸出两臂，家长引导孩子想象左手拿了一个较重的物品，如水壶，右手拿了一较轻的物品，如气球，会发生什么样的现象呢？

难度降低： 带孩子去和其他小朋友一起玩一玩跷跷板游戏。

游戏解读： 轻和重的触觉体验，其实也是压力感的一种表现。提适量的重物，对于孩子的本体觉发展非常重要，同时，感知轻和重也是将生活中的常识认知转化为经验的过程。在开始时，家长尽量选择同一种类但大小明显不同的物品进行轻重比较。

震动中

适宜年龄： 2.5~5 岁

物品准备： 洗衣机或甩干机

游戏目标： 提升孩子全身的触觉感受力，体验震动感

游戏方法：

1. 家长使用洗衣机或甩干机，对衣物进行清洁或甩干。

2. 家长扶着孩子坐在洗衣机上，让孩子感受机器的震动感，尤其是甩干衣物的时候。

3. 孩子也可以自己靠在洗衣机上，感受机器的震动。

难度调节★★

难度提升： 家长将按摩仪启动，让孩子用手抓起或放在身体的其他部位进行按摩。

难度降低： 家长将手机调成震动模式，让孩子用手指或手去摸震动中的手机。

游戏解读： 震动的感觉，也是一种比较独特的触觉体验，在平时的生活中，可以利用家中已有的物品帮助孩子体验。但要注意的是，这个游戏持续时间不宜太长，以免引起孩子不适。日常乘坐交通工具出行时，孩子也可以体验到这种震动感哦！

第四章 家庭中的本体觉训练

认识本体觉

我们能平稳走路、奔跑、跳跃、爬楼梯，不用去想接下来手该怎么伸、脚要怎么迈；我们能不通过大脑仔细地思考、视觉认真地观看就能以省力和更有效率的方式进行运动……这些功能的有效展开，都有赖于本体觉的发展。我们做出动作，通过肌肉的收缩，传递给大脑关于身体部位，如手、脚等应该有的位置和姿势，这个过程就是本体觉在发生作用，因而本体觉也称为动觉。

简单来讲，本体觉就是涉及动作中肌肉和关节的感觉，即传递肌肉是伸展还是收缩，关节该弯曲还是伸直的相关姿势信息。本体觉是一种高级而复杂的神经应变能力，它建立在前庭觉和触觉发展的基础上。也就是说，虽然我们所有动作的完成，都需要本体觉的参与，但本体觉的完美运作，仍然是以前庭觉和触觉的良好发展为前提的。

本体觉发展的意义

从简单的吃饭、穿衣、走路，到技能化的写字、骑车、跳皮筋，再到高难度的舞蹈、体操等动作的完成，都离不开本体觉的发展：

1. 便于孩子更加自主地行动，动作更加快速、灵活。

2. 促进孩子视知觉与身体空间概念的发展，进而影响孩子在后期学习生活中的绘画能力及写字能力等。

3. 更灵巧地使用工具，不致经常弄坏。

4. 不过度依赖于视觉的判断才能完成动作，让眼睛的观察能力在动作中也能很好地发挥，如姿势模仿的过程。

5. 本体觉发展较好的孩子，比较容易拥有良好的体态，甚至具备更加稳定的情绪。

本体觉对于所有的人，无论是成人还是孩子，都有积极的意义和作用。一旦本体功能失调，就会影响到与个人动作、姿势相关的所有活动。本体功能失调可分为两种情况，每种情况都会有不同的表现：

1. 身体概念建立不完善

动作迟缓，显得慢吞吞，导致做事情的效率较低。

肌肉张力不好，走路摇摇晃晃，显得没有力量，或是很虚弱。

经常撞到这个或碰掉那个，做事情毛躁。

怕黑，闭上眼睛容易摔倒。

方向感差，容易迷路。

2. 动作计划能力发展不良

摔跤或跌倒的次数明显比同龄人要多。

做连续性的动作会有很大的难度，如骑自行车、跳绳等。

自理能力差。

大动作的发展较同龄人较差，如立定跳远，不会双脚同时离地跳。

精细动作、手眼协调能力差，如吃东西的时候容易吃得到处都是，不太容易接到飞过来的球等。

对力量和速度的控制差，容易用力过猛。

本体觉训练的主要方法

本体觉能告诉我们关于动作的时间、方位、力量以及紧张度等信息，无论是孩子身体概念建立不完善，还是动作能力发展不良，都有可能会导致这些信息在传递的时候出现误判或延迟。在本体觉的训练中，可以根据两类发展不良的情况，有侧重地进行：

◇身体概念建立训练

让孩子尽可能地去感受自己的身体，更加熟悉自己的身体，会帮助他建立起更完善的本体感觉。

身体概念建立训练，主要通过三种方法来进行：

1. 强化身体部位的感受，如在脚上增加沙袋，或进行特定部位的按摩活动、角力游戏等。

2. 全部屏蔽或部分屏蔽视觉的参与，以达到不依赖视觉作出动作判断的目的。

3. 强化身体各个部位的认知游戏。

在进行身体概念建立训练时，通常用到以下物品：

1. 纱巾或眼罩、大的抱枕，用来部分或完全排除视觉的参与。

2. 大的镜子，让孩子观察自己的动作变化。

3. 沙袋，用以帮助孩子体验特定的身体部位的感受。

◇动作计划能力训练

任何涉及肌肉关节的动作，都会与本体觉相关，而连续性的动作发生时，尤其会对孩子的动作计划能力提出更高的要求。

在训练动作计划能力时，可以将连续性的动作项目作为主要内容：

1. 跳跃活动：连续的跳跃活动需要有一定的动作计划能力，不管是原地向上跳跃，还是移动式跳跃，都可以促进这一能力的发展。

2. 躲避 / 捕捉活动：也要根据对象的变化随时调整动作。

3. 器物循环操作活动：循环式地操作一个物品以使其保持一种运动状态。

4. 其他全身活动：攀爬、拖拉、负重行走等全身参与的活动，也需要做好动作计划。

在进行动作计划能力训练时，通常用到以下物品：

1. 羊角球，会让跳跃活动更加有趣。

2. 软球，用来投掷或躲避的极佳工具。

3. 呼啦圈、沙包、皮球、跳绳，可根据其不同的功能，来发展动作计划能力。

4. 爬梯、纸盒、塑料袋等，都可以有巧妙的利用。

当然，精细动作的操作游戏、手眼协调的游戏，都可以从侧面有效地促进本体觉的发展，在第七章“家庭中的精细动作训练”中，我们会从这个方面进行更加详细的理念与方法的介绍。

本体觉家庭训练游戏

本体觉家庭训练游戏，不仅能够增强孩子对身体各部位位置与运动的感知能力，还能有效提升其自我认知与身体的协调性。在亲子共玩的乐趣中，孩子学会了更好地控制自己的身体，为日后的学习与生活打下坚实的自我管理能力基础。

主被动操

适宜年龄： 0~0.5 岁

物品准备： 无

游戏目标： 提升身体部位的感受，促进大动作的发展

游戏方法：

1. 孩子躺在床上，家长将拇指放在孩子手心，其他四指握孩子的手腕，将其两臂左右分开侧平举；胸前交叉，做扩胸运动，连续做 4 次。

2. 家长轻握孩子脚踝，将双脚依次抬起，大腿贴至腹部，再还原，做屈伸运动，连续做 4 次。

3. 家长两手轻握孩子脚踝，依次将双腿举起，与躯干成直角，再还原，做举腿运动，连续做 4 次。

难度调节★★

难度提升： 家长引导孩子做主被动操，即给孩子一点支撑，让孩子自己用力，如翻身、拉手起坐等。

难度降低： 家长可先对孩子做一下身体的按摩，让他全身放松。

游戏解读： 按摩操和被动操对孩子的发展非常有益，但随着孩子月龄的增加，家长就要引导孩子自主运动。做被动操时，要注意控制力度，不要伤到孩子。

小桶接球

适宜年龄： 2~5 岁

物品准备： 小桶、软球

游戏目标： 提升动作计划能力

游戏方法：

1. 家长选择家中比较空阔的一块场地。

2. 给孩子一个小桶，让他抱在怀中。

3. 家长在孩子前方的不同距离投掷软球，让孩子抱着小桶尝试接住软球。

难度调节★★

难度提升： 家长在孩子四周进行跑动，让孩子用小桶来接家长从不同方向抛来的球。

难度降低： 家长固定在孩子前方某一位置，抛出软球，让孩子抱着小桶来接。

游戏解读： 由于游戏对于空间环境有一定的要求，家长也可以选择在户外的草地上进行。在游戏过程中，孩子需要不断地调整自己的姿势、方向，才能更有效地接到球。当然，家长也可以将软球换成稍稍有一定重量的球，使抛掷更准确，但注意不要太用力，以免伤到孩子。

大力士

适宜年龄： 4~7 岁

物品准备： 无

游戏目标： 提升身体部位的感受和身体的稳定性

游戏方法：

1. 选择家中宽阔的场地，家长和孩子背对坐好，互相以背用力推对方。

2. 家长和孩子面对面站立，各自一腿在前稍稍弯曲，一腿在后，膝盖跪地。

3. 家长和孩子双手掌心相贴，互相用力推。

难度调节★★

难度提升： 家长和孩子面对面，四肢着地，用肩膀和身体互相用力推。

难度降低： 在家长和孩子接触互推的位置，加入一个球，增强孩子着力点的感受。

游戏解读： 在亲子角力的游戏中，虽然是以谁能推倒对方作为胜利的标志，但家长还是要注意掌控力度，偶尔的示弱，会让孩子更加愿意参与。如果孩子在维持某个姿势时有一定的困难，可由另一位家长在后面协助他进行姿势的固定。

墙要倒了

适宜年龄： 2~5 岁

物品准备： 无

游戏目标： 提升身体的稳定性

游戏方法：

1. 选择家中宽阔的场地，家长稳稳地站好，告诉孩子自己是一堵墙。

2. 让孩子来推自己。

3. 家长可对孩子提出不同的姿势要求，如半跪双手推、站立臂部推、坐地双脚推。

难度调节★★

难度提升： 孩子手膝着地，由家长来推孩子。孩子在家长的晃动或推动中，要尽量维持自己的姿势或以这个姿势移动。

难度降低： 家长和孩子一起用提到的各种方法去推一堵真正的墙。

游戏解读： 这也是一个角力游戏，游戏中加入了关于墙的想象，用心的爸爸妈妈在这个过程不妨形容得更加有趣一点吧，如“大墙要倒了，我们要用力把它推起来”。在游戏过程中，家长要注意避免让孩子的头部撞向墙壁。

推动整理箱

适宜年龄： 2~5 岁

物品准备： 带轮整理箱、丝带

游戏目标： 增强本体觉输入

游戏方法：

1. 家长准备一个带轮子的整理箱，在箱子里放上积木、玩具等有重量的物品。

2. 将放好物品的整理箱，放在家中较为宽敞的地方。

3. 在地上用丝带规划出路线，如一个正方形，让孩子推动整理箱，按照路线来行走。

难度调节★★

难度提升： 找一个不带轮的整理箱，在箱底包上纸，防止刮伤地板，也更易推动，让孩子用同样的方法来游戏。

难度降低： 家长准备一个鞋盒，代替整理箱，来完成这个游戏吧！

游戏解读： 可以从推动的物品重量、物品与地面的摩擦力大小、距离的远近、路线的简单与复杂等方面来调整游戏的难度。可以从重量轻、摩擦力小、距离短、路线简单的推动方式开始，逐渐地变化，并引导孩子在推动不同的物品时，保持身体的平衡。

拉动小火车

适宜年龄： 3~6 岁

物品准备： 空的牛奶盒若干、绳子、凳子或其他障碍物

游戏目标： 增强本体觉输入，发展身体的操作能力

游戏方法：

1. 家长用绳子将 3 个空的牛奶盒串起来，变成一列小火车。
2. 将 3 个凳子按照一定间隔摆成一排。
3. 让孩子手拉小火车一端的绳子，依次绕过 3 个凳子。

难度调节★★

难度提升： 增加火车的“车厢”数量、“障碍”的数量、变化“障碍”的摆放方式，都可以提升难度哦。

难度降低： 用胶带贴成直线或 S 线，让孩子拖动小火车走线吧！

游戏解读： 在拉动小火车的过程中，可以引导孩子观察每个牛奶盒在移动时的状态，特别是过障碍时，通过自己的控制，尽量不要让任意一个牛奶盒碰到障碍。如果孩子对这个游戏非常感兴趣，可适当延长游戏时间。

我躲躲躲

适宜年龄： 2.5~6 岁

物品准备： 海洋球（报纸球）若干

游戏目标： 增强本体觉输入和身体的灵活性

游戏方法：

1. 选择家中一面墙前比较宽敞的空地。

2. 家长和孩子站在面对墙约 2 米的位置，先来试一试将海洋球扔向墙面。

3. 孩子背对着墙站好，家长和孩子隔一定距离面对面。家长慢速地向孩子扔海洋球，孩子要尽量躲开海洋球。

难度调节★★

难度提升： 加快扔海洋球的频率，或家长转换站立的方位和距离，孩子会更加难躲避哦！

难度降低： 家长准备一个篮球，从地面滚向背对墙站着的孩子，让孩子尽量躲开滚过来的球。

游戏解读： 因为每个扔过来的海洋球速度和方位都不同，孩子需要很快地调整自己的姿势和动作才能躲开，这个过程既可以发展孩子身体的灵活性，也可以提升他的反应能力，更可以帮助他学习如何指挥自己的身体，获得更多的经验。

表情帝

适宜年龄： 2.5~6 岁

物品准备： 大的镜子

游戏目标： 增强本体觉输入，加强身体部位的感知

游戏方法：

1. 找一面大的镜子，家长和孩子站在镜子前稍远一些的位置，可以看到全身或上半身。

2. 家长对着镜子做一些表情和动作，让孩子来模仿。

3. 动作中可以涉及左右的概念，如左手指右眼睛、鼻子朝右边扭一扭等。

难度调节★★

难度提升： 和孩子面对面站好，家长做动作孩子来模仿，要求左右完全相同哦！

难度降低： 让孩子自己照镜子，做各种鬼脸，家长来模仿。

游戏解读： 家长和孩子都面向镜子，孩子对着镜中的影像进行模仿的话，分辨左右将会比较容易。面对面的模仿，则需要有一个方向转换确认的过程，对于低年龄的孩子而言仍然是比较难的，或者说是需要一定反应时间的。

听一听，指一指

适宜年龄： 1~4 岁

物品准备： 无

游戏目标： 增强本体觉输入，加强身体部位的认知

游戏方法：

1. 家长坐在孩子对面，孩子的手放在背后。

2. 家长说出一个身体部位，如眼睛、眉毛、膝盖等，让孩子先用右手指出来。

3. 让孩子换左手也来玩一遍这个游戏吧！

难度调节★★

难度提升： 家长每次说出两到三个身体部位，让孩子按照顺序将其依次指出。

难度降低： 家长根据指令指出自己相应的身体部位，给孩子一个示范。

游戏解读： 这是一个身体认知与听觉训练相结合的游戏，既是在强化孩子对于自己不同身体部位的认知能力，同时也是在培养他的听觉注意力与短时记忆能力。在游戏中，我们会发现有些小朋友明明知道眉毛在哪里，但指的位置却不准确，这种情况就需要更多的练习哦！

负重走走走

适宜年龄： 2~7 岁

物品准备： 两个稍有重量的沙包

游戏目标： 增强本体觉输入，加强身体部位的感知

游戏方法：

1. 家长在宽敞的地方，用物品各设定一个起点和终点，让孩子从起点到终点走几个来回。

2. 孩子左右手各握一个沙包，走几个来回。

3. 将沙包用毛巾或纱巾系在脚踝处，再走几个来回。

难度调节★★

难度提升： 出去购物时，可以让孩子拎一拎稍微轻一些的购物袋，或帮助推一下购物车。

难度降低： 外出时，可以让孩子用自己的小背包背一些轻的物品，如他的奶瓶或湿巾等。

游戏解读： 通过重量的加入，可以让孩子对于自己的身体部位的感受和体验更加明确。另外，在生活中，也可以让孩子有更多搬运适当重量、体积的物品的机会，让孩子边保持平衡边协调自己的姿势和动作。

玩具模仿秀

适宜年龄： 3.5~6 岁

物品准备： 发条玩具

游戏目标： 增强本体觉输入，加强身体的控制力

游戏方法：

1. 家长和孩子一起来玩一玩发条玩具，引导孩子自己拧动发条，让玩具动起来。

2. 家长引导孩子观察，在拧动发条后，发条玩具先快后慢，最后停下来的规律。

3. 让孩子想象自己是一个发条玩具，模仿走路时先快后慢，再逐渐停下来的过程。

难度调节★★

难度提升： 加入动物的元素吧，比如小鸭子是摇摇摆摆的、小兔子是一跳一跳的，再来模仿这个过程。

难度降低： 家长发出快、慢、停的指令，让孩子在走动过程中根据指令进行速度的调整。

游戏解读： 对于孩子而言，理解游戏的规则并不简单：在连续的运动过程中，按照家长要求进行速度和动作的调整。通过加入发条玩具，规则会变得生动、形象，更易理解。

松紧带拉伸操

适宜年龄： 2~5 岁

物品准备： 60 厘米长、有一定宽度的松紧带

游戏目标： 增强本体觉输入，加强力量的体验

游戏方法：

1. 家长将松紧带给孩子，让孩子自己先来探索一下。

2. 让孩子将松紧带踩在脚下，左右手分别握住松紧带两端，上下拉动。

3. 将松紧带绕过腰，左右手分别握住松紧带两端，前后拉动。

难度调节★★

难度提升： 换一根拉伸阻力更大，或者说更紧的松紧带再来操作一遍吧！

难度降低： 家长让孩子左右手各握松紧带的一端，反复朝两边拉伸。

游戏解读： 松紧带在生活中是不是很常见呢？家中如果没有现成的材料，可以从废旧的衣服、裤子上拆一条下来哦！拉松紧带的练习，是不是有点像健身房里的一种器械呢？孩子在进行练习的时候，对于肌肉的感受和力量的变化都会有感知。

谁能抓得到呢

适宜年龄：2~5 岁

物品准备：无

游戏目标：增强本体觉输入，发展反应能力

游戏方法：

1. 选择户外或家中较为宽阔的场地。

2. 爸爸站在孩子和妈妈中间。孩子要去抓躲在爸爸身后的妈妈，爸爸要尽力挡住妈妈。

3. 妈妈观察孩子的体力，来决定一场游戏的结束时间。

难度调节★★

难度提升：孩子和妈妈换个角色试一试吧！要尤其注意跑动中孩子的安全哦！

难度降低：爸爸抱着孩子，妈妈在爸爸身后躲，让孩子用视线来寻找妈妈。

游戏解读：一家人的共同参与，会让孩子在亲情的环绕中有更好的游戏体验哦！在游戏中，要注意观察孩子的表现，如果孩子过度兴奋，可以稍稍控制一下游戏的节奏，让他慢慢地进行平复。

创意放松游戏

适宜年龄： 3~7岁

物品准备： 松紧带

游戏目标： 增强本体觉输入，让身体和情绪得到放松

游戏方法：

1. 家长将松紧带拿在手中。

2. 告诉孩子，想象一下自己就是家长手中的松紧带，跟着松紧带的变化来变化自己的身体。

3. 家长可以将松紧带慢慢地拉开、放松，也可以慢慢地拉开、突然放开，甚至可以拉到一半，停顿一下，再接着拉伸。

难度调节★★

难度提升： 家长用语言来形容松紧带的变化，如“松紧带慢慢地拉长了，又拉长了一点，嗖地一下又松了回去”，让孩子根据语言来想象模仿。

难度降低： 家长握着孩子的手来引导孩子被动地模拟伸展、放松的过程。

游戏解读： 也可以将想象的物品由松紧带变为气球，让孩子在气球“充气、放气”的想象过程中，通过呼吸的调整来进行放松练习。这样的放松游戏，可以消除孩子身体上和情绪上的紧张感。

亲子吊球赛

适宜年龄： 2~6 岁

物品准备： 软球、细绳

游戏目标： 增强本体觉输入，培养身体的灵活性

游戏方法：

1. 家长将一个软球吊在空中，高度为孩子站立能够到的位置即可。

2. 家长和孩子各自站在吊球的两边。

3. 家长推动吊球向孩子的方向移动，孩子要尝试将吊球推回。

难度调节★★

难度提升： 家长可以同时吊 2~3 个高度不同的球，以较快的速度推向孩子，要求孩子快速将球推出。

难度降低： 只要求孩子将家长推过来的球抓住再放开即可。

游戏解读： 如果家长和孩子的身高差会造成一些障碍，家长可以坐下来与站着的孩子进行游戏。如果要吊起多个高度的吊球，也要注意最高的球应为孩子跳起来可以拍到的球。家长拍球时不要太用力，以免孩子够不到球，或受到伤害。

球上坐一坐

适宜年龄：2~5 岁

物品准备：篮球

游戏目标：增强本体觉输入，培养身体的平衡性

游戏方法：

1. 家长准备一个充好气的篮球，放在地板上。

2. 家长扶着孩子的手，让他慢慢地坐在球上。

3. 引导孩子上身保持垂直放松，闭上眼睛，独自稳坐在球上，坚持半分钟。

难度调节★★

难度提升：家长在孩子坐在球上时，通过指令让他动动手、动动脚的同时保持平衡，可尝试延长稳坐在球上的时间。

难度降低：孩子扶着家长的手坐在球上。家长要注意引导孩子自己主动保持在球上的平衡。

游戏解读：前庭觉和触觉是本体觉发展的一个前提，所以在前几章涉及的前庭觉游戏对于本体觉的发展也会有积极的意义。在孩子能比较好地稳坐在球上以后，还可以尝试着让他坐在球上做一些简单的折纸活动。

纸箱有大用处

适宜年龄： 2~5 岁

物品准备： 大小不一的纸箱（最小的纸箱也可容孩子爬过）

游戏目标： 增强本体觉输入

游戏方法：

1. 家长准备一个纸箱，将其开口处朝外侧放，变成一个“洞穴”。

2. 在纸箱中放一些枕头和玩偶等，让孩子自己选择在“洞穴”中待一会儿。

3. 在洞穴口相对的一侧纸箱上用刀切割出窗户，让孩子自己从窗户里朝外看一看。

难度调节★★

难度提升： 将几个纸箱的口开在不同的高度，让孩子尝试从不同的高度运用不同的技巧钻进爬出。

难度降低： 将几个纸箱口对口地连接在一起，变成一条“隧道”，让孩子在“隧道”里爬一爬。如果孩子害怕，可以在“隧道”上开出几个窗口，让光线透进来。

游戏解读： 纸箱让孩子在狭小的环境中有一种贴心的安全感，又提供了想象源泉：山洞、城堡、隧道……

皮球拍拍

适宜年龄：3~6 岁

物品准备：皮球

游戏目标：增强本体觉输入，发展手眼协调能力

游戏方法：

1. 选择一块地面平整、宽敞的空地。

2. 家长示范如何将皮球拍下、弹起、再次拍下的过程，让宝宝先来观察一下。

3. 引导孩子自己来拍皮球，待熟练后，可加入一定的节奏感。

难度调节★★

难度提升：让孩子换一只手拍皮球，或者左右手交替着拍球。

难度降低：家长可以在皮球上系上一根绳子，将绳子的另一端系在孩子的手指上，让他来拍球。

游戏解读：连续地、有节奏地拍皮球，要求孩子不断地调整自己手部拍的力量、角度，甚至自己站立的位置和姿势，来适应不断变化的皮球位置。在孩子达到一定的熟练度后，可要求孩子用转身、跳起等花样动作来拍球。

扭麻花

适宜年龄： 2~5 岁

物品准备： 纸、笔

游戏目标： 增强本体觉输入，强化听觉能力

游戏方法：

1. 家长准备 9 张 A4 纸，在每一张纸上分别写上 1~9 中的 1 个数字。

2. 将 9 张写有数字的纸，按照 3×3 的模式在地上排好。

3. 让孩子根据家长的指令手拍或脚站在其中某一个数字上，如“请你一只手放在数字 3 上，一只脚放在数字 6 上”。

难度调节★★

难度提升： 家长将左右的概念加入指令中，让孩子根据指令准确地来放双手和双脚。

难度降低： 家长将数字换成其他孩子能够认识的图案，如水果、动物等，再来完成该游戏吧！

游戏解读： 根据家长的指令要求，孩子要把手和脚分别放在某一个数字上，且需要保持最终的平衡时，这个过程就变得不简单了。家长的指令可以一条一条地给到孩子，也可以一次性地给孩子两条指令，发展他的听觉记忆。

丢纸团

适宜年龄： 2.5~5 岁

物品准备： 报纸、丝带

游戏目标： 增强本体觉输入，发展身体的协调能力

游戏方法：

1. 家长将报纸裁剪成大小不同的几块，和孩子一起将报纸团成不同大小的报纸球。

2. 在孩子脚下，用丝带摆出一条线，作为起点。在距离起点 1 米左右的位置再摆出一条线，作为终点。

3. 引导孩子站在起点，用力将纸团扔到终点线外。看看一次能扔出几个呢？

难度调节★★

难度提升： 家长让孩子站在离墙 1 米远的地方，在墙上固定一个容器，让孩子尝试“投篮”。

难度降低： 将纸团变成不是太重的沙包，利用沙包本身的重量扔得更远吧！

游戏解读： 投掷是一项需要全身协调的活动，很多低龄的孩子在练习投掷时，往往会直接朝下丢，而不是向前扔。在开始时，家长可以扶着孩子的手，引导他体验过肩扔物的动作。

踢沙包

适宜年龄：3~7 岁

物品准备：不是很满的沙包

游戏目标：增强本体觉输入，发展身体的协调能力

游戏方法：

1. 家长和孩子面对面，站在一片空地上。

2. 家长将沙包向孩子抛出，让孩子用脚将抛过来的沙包踢起来。

3. 换一只脚来试试吧！

难度调节★★

难度提升：让孩子尝试自己连续踢一只沙包或一个毽子吧！

难度降低：家长将沙包系在一根细绳上，引导孩子将细绳拎在手上，用脚的内侧去踢垂下来的沙包。

游戏解读：踢的动作会涉及腿部的变化，而我们的腿在站立时又起到非常重要的支撑作用，这就使得如何在踢的过程中，既保持平衡，又能很好地调整身体以适应下一次变化，变得很复杂。孩子们正是在这样的过程中，越来越多地运用他们的本体觉，变得更加灵活和协调。

捉迷藏

适宜年龄： 3~6 岁

物品准备： 眼罩

游戏目标： 增强本体觉输入，改善孩子的身体控制能力

游戏方法：

1. 家长和孩子站在家中的空地上。
2. 给孩子戴上眼罩，让他去捉家长。
3. 家长给孩子一些声音的提示，让他能够有可能找到家长。

难度调节★★

难度提升： 让孩子抱着大的抱枕，在宽敞的地方走一走，抱枕要将孩子的视线挡住。

难度降低： 家长选择有一定透光度的布料，如纱巾，来代替眼罩进行游戏。

游戏解读： 捉迷藏（躲猫猫）是孩子们非常喜欢的游戏之一，但由于戴上眼罩后，什么都看不见了，他们可能会由于对于黑暗的害怕及无法使用视觉进行判断而产生不安全感，对戴眼罩产生很大的抗拒，这时可以让孩子自己闭眼睛进行临时的代换。

晃动呼啦圈

适宜年龄： 4~7 岁

物品准备： 呼啦圈

游戏目标： 增强本体觉输入，改善孩子的身体灵活性

游戏方法：

1. 家长和孩子站在家中的空地上。

2. 家长引导孩子先来扭一扭自己的腰部和屁股。

3. 将呼啦圈套在孩子的腰部，家长帮孩子先扶着呼啦圈，让孩子先开始晃动自己的腰部，再松开手。

难度调节★★

难度提升： 给孩子两个呼啦圈，试一试同时把它们晃起来的感觉吧！

难度降低： 孩子试一试用胳膊或小腿把呼啦圈晃起来吧！

游戏解读： 在开始时，宜为孩子选择小且轻的儿童呼啦圈，这种呼啦圈对空间的要求会更小，对于孩子而言，也更容易晃起来。孩子玩呼啦圈，还是要注意玩的时间宜不过长，以免影响孩子的生长发育。

跳绳

适宜年龄：4~7 岁

物品准备：跳绳

游戏目标：增强本体觉输入，改善孩子的身体灵活性

游戏方法：

1. 家长和孩子站在家中的空地上。

2. 家长和孩子面对面站着，家长不用跳绳，但双手和双脚都做跳绳的动作，让孩子进行模仿。

3. 家长带着孩子来跳绳，家长甩动绳子并喊出节奏，让孩子体验成功跳绳的乐趣。

难度调节★★

难度提升：让孩子试着把呼啦圈当成跳绳跳一跳吧！

难度降低：让孩子练习原地双脚离地向上跳和双手腕划空圈的基本动作吧！

游戏解读：在孩子开始学跳绳时，宜选择稍有一些硬度的绳子，这样的绳子比较容易甩动起来。跳绳动作基本上可分解为双脚离地跳跃、双手绕圈甩动绳子两个动作，家长可以从这个角度进行观察和有针对性练习。

各种方式跳跳跳

适宜年龄： 3~5 岁

物品准备： 儿童呼啦圈若干、沙包

游戏目标： 增强本体觉输入，发展跳跃能力

游戏方法：

1. 家长将数个呼啦圈按照跳房子的模式摆出来。

2. 引导孩子双脚跳呼啦圈，从起点跳到终点。

3. 家长在某一个呼啦圈内放一个沙包，让孩子跳这个呼啦圈时将沙包捡起来。

难度调节★★

难度提升： 让孩子试一试单脚跳一跳连续的呼啦圈或格子吧！

难度降低： 让孩子站在地板上的一条线外，尝试跳过与它相邻的第一条线或第二条线吧！

游戏解读： 双脚立定同时远跳，对于低龄的孩子而言，会有一定的难度，他们很难双脚同时起跳或落地，而更多的是双脚交替进行。一些原地双脚向上跳跃的活动，可以作为更加基础的内容进行准备练习。

使用工具跳跳跳

适宜年龄：3~5 岁

物品准备：羊角球

游戏目标：增强本体觉输入，发展平衡能力

游戏方法：

1. 家长选择一片空地，让孩子骑在羊角球上，上下晃动，并自己保持平衡。

2. 引导孩子抓紧羊角球的两只“角”，尝试着向前跳。

3. 引导孩子骑着羊角球，围着家长转圈跳。

难度调节★★

难度提升：让孩子骑着羊角球沿着地板上设置好的 S 形、Z 形路线来跳一跳。

难度降低：让孩子站在跳袋里，沿着设置好的 S 形、Z 形路线跳一跳。

游戏解读：在跳跃活动中，尤其要注意周边环境的安全，不要有尖锐的物品。跳袋也可以自制，如一块大的浴巾缝合在一起，变成一个大口袋即可。如何在不同的跳跃活动中保持平衡，对于孩子的本体觉、前庭觉都有很大的促进意义。

巧运乒乓球

适宜年龄：3~6 岁

物品准备：乒乓球拍、乒乓球

游戏目标：增强本体觉输入，培养身体的控制能力

游戏方法：

1. 家长给孩子一个乒乓球拍和一颗乒乓球，让孩子用球拍击向乒乓球。

2. 家长引导孩子用乒乓球拍轻轻地颠一颠球。

3. 让孩子将乒乓球放在乒乓球拍上，将其从一个地方运到另一个地方。

难度调节★★

难度提升：让孩子一边在乒乓球拍上进行颠球，一边将乒乓球运到相应的位置。

难度降低：给孩子一个小勺子，让他用勺子将乒乓球运到相应的位置。

游戏解读：在运球的过程中，孩子需要调节或控制自己手臂的动作，以防止乒乓球掉下来，这就是本体觉在发挥作用的过程。一开始时，运球的距离可由近及远，速度可由慢到快，逐渐增加难度。

传球吧

适宜年龄： 3~6 岁

物品准备： 皮球 2~3 个

游戏目标： 增强本体觉输入，培养身体的控制能力

游戏方法：

1. 两位家长和孩子围坐成一个圆圈。

2. 先取一个球用手来传一传。家长可以喊节奏，如“1、2、3，传”，等喊到“传”时，才可以将球按顺时针传给下一个人。

3. 试一试同时传两个球或三个球吧！

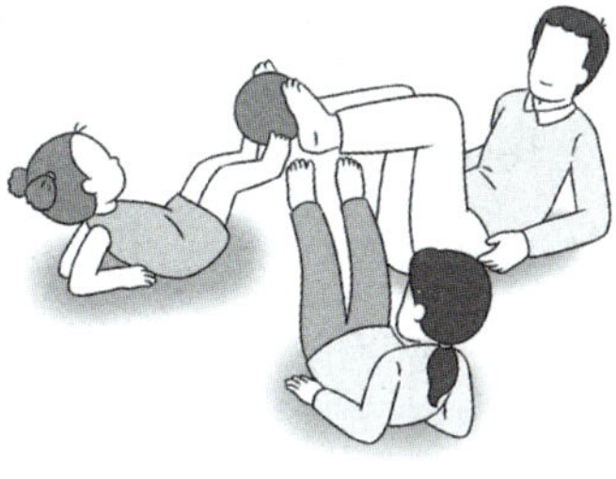

难度调节★★

难度提升： 两位家长和孩子，均以半坐半卧的姿势，围成一个圈，尝试用脚来传球。

难度降低： 家长将一堆大大小小的球倒在房间中，让孩子将其一一找到，并放入筐中。

游戏解读： 球，在孩子的运动游戏中占据重要的地位。由于球在水平地面上的不稳定性，无论是踢球、追球还是拍球，对于孩子的本体觉都有一定的要求。球类的玩具，可以多准备几种，组合起来会有更多乐趣。

爬梯子

适宜年龄： 3~6 岁

物品准备： 矮梯、毛毛球、双面胶带

游戏目标： 增强本体觉输入，培养手脚协调的能力

游戏方法：

1. 家长在墙上稍高的位置用双面胶带粘上几颗毛毛球。

2. 在墙上放上一个矮梯，并将其固定好。

3. 引导孩子自己爬上矮梯，将墙上的毛毛球揪下来，再从梯子上退下来。

难度调节★★

难度提升： 来到儿童游乐场，找到可攀爬且有保护措施的器械设备，让孩子自己爬一爬。

难度降低： 用被子和枕头堆出一座“山丘”，让孩子从一边爬到另一边。

游戏解读： 爬梯子，需要孩子手和脚很好地协调与配合，才能最终完成。在孩子爬梯子的过程中，家长一定要注意将梯子放稳，并时刻观注孩子的安全。开始时，家长可扶着孩子往上爬，或不放置毛毛球，只单纯地爬一爬梯子即可。

第五章　家庭中的视知觉训练

认识视知觉

当我们拥有健康的眼球、良好的视力时，在生活中用眼睛去观察似乎是一件自然而然的事情。我们会通过眼睛确认是否可以过马路，食物有没有坏掉，美术作品是不是吸引人，黑板上写的到底是什么，等等。在这个过程中，如果看得清楚，仅仅表明了视力发展良好，但要去判断内容好不好、所表达的含义是什么时，就需要视知觉进行复杂的运算了。

所以说，视知觉所涉及的不仅仅是眼睛，而是通过眼睛获得视觉信息，并传递给大脑相应区域，进行整合加工，并最终形成视觉认知。

事实上，几乎超过 80% 的信息都是通过视觉通道获取的，这就意味着，视知觉对于孩子的学习有着非常重要的意义。

视知觉发展的意义

视知觉的发展，对于孩子的影响是非常明显的：

1. 便于孩子通过视觉进行信息的收集，更好地认识环境。

2. 在辨别物品的形状、大小、颜色等属性方面更容易。

3. 更容易辨别物品在房间中的空间状态，如方向、距离、位置等，避免碰撞。

4. 辅助认知物体的其他物理属性，如质量、温度、质感，避免危险。

5. 有利于本体觉、前庭觉的发展等，通过视觉、动觉、平衡觉的协调合作，使孩子能够更准确地判断自己在所处环境中的位置，能够顺利行走移动。

视知觉发展障碍的儿童，除了其行动能力受影响之外，往往还存在如下的问题：

1. 移动视线时存在困难，即从一个焦点看向另一个焦点（如黑板到书本，书的一行到另一行）时，必须移动头部而不仅仅是视线，才能完成。

2. 视物姿势不佳，会眯着眼睛看东西。

3. 视觉范围窄，别人用余光看到的内容，必须转头才能看到。

4. 抱怨看到的事物出现重叠的影像。

5. 追视能力差，在看球赛时，看着看着就不知道球在哪里了。
6. 不喜欢阅读，很容易失去兴趣。
7. 写字容易漏字或漏笔画，字的大小不一，写字不整齐。
8. 视觉辨别力差，如会把 b 看成 p 等。
9. 很难将图片中的物品与真实的物品联系起来等。

视知觉训练的主要方法

视知觉的发展涉及我们生活的各个方面，根据视知觉的功能，可将视知觉主要分为 10 个领域，而视知觉的训练，也主要会从这几个方面进行：

◇基本的视知觉动作技巧

注视能力是视知觉的基本功能，需要双眼的协调配合。水枪、喷壶等的瞄准技能要求，对这个能力的发展很有益。

◇视分辨能力

分辨事物的异同，是视知觉发展的基本功能之一。一般而言，找不同的卡片、拼图在此训练中会经常用到。在家庭中，可以利用数量较多的衣物，如袜子、鞋子等，让孩子进行配对或找不同。

◇短时记忆能力

短时记忆又称工作记忆，具备良好的工作记忆，孩子才能在不同的目标中转换和学习。很多游戏都会涉及视觉的短时记忆能力，比如说积木模仿拼搭、根据图示涂色等。

◇空间关系

无论是二维平面，还是三维空间，都需要孩子有很好的空间感。上下、里外、左右、远近等，都是基本的空间关系。一些大容器和小玩具，在这个任务中将会起到大作用哦！

◇形状认知

认识不同的形状、轮廓，并知道形状的恒常性，才能更好理解，虽然从不同的角度看一个物品的样子不同，但仍然是同一个物品。不同形状的积木和生活用品，都可以利用起来。

◇序列记忆

对顺序的记忆，在孩子的学习生活中有重大的意义。不同颜色、形状的积木、玩偶等都可以用来做这个练习。

◇背景搜索能力

如何在复杂的背景中只看重点内容，也是视觉抗干扰的一个重要方面。划消图一般用来训练此能力，在家庭中，我们可以用报纸或书本来做替换哦！

◇完形联想能力

从局部来推断整体，如看到书的一角，就知道是一本书，即完形联想。

◇追视能力

指能够对移动中的物体进行视线的追踪，并且能不跟丢物体。观察大自然中鸟的飞行、鱼的游动、风吹起的纸张等，也能提升这个能力。

◇视觉推理与判断能力

通过对画面的理解进行推理，并举一反三，有助于孩子分析能力和创造能力的发展。一本有插画的旧杂志，有你想不到的用处哦！

视知觉家庭训练游戏

视知觉家庭训练游戏，旨在通过趣味横生的互动，有效提升孩子的视觉分辨、空间认知与观察记忆能力。在家长的陪伴下，孩子们可以在游戏中锻炼视知觉能力，为未来的学习与探索之路点亮明灯。

追光手电筒

适宜年龄： 2~4 岁

物品准备： 手电筒

游戏目标： 发展视觉的辨别力，培养追视能力

游戏方法：

1. 家长选择家中一个较暗的房间。

2. 家长将手电筒的光投影到地板上，让孩子跳到相应的光点上。

3. 家长将手电筒的光投影到墙壁或天花板上，让孩子伸出手随光点移动。

难度调节★★

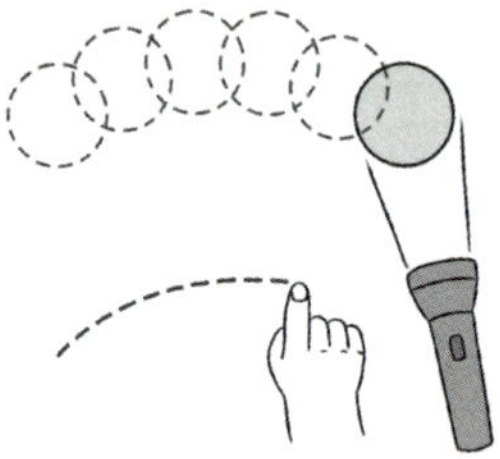

难度提升： 家长和孩子一人一个手电筒。让孩子手持手电筒，并将之投出的光影，跟随家长的手电筒的光点移动。

难度降低： 家长将手电筒先换位置，然后再打开，让孩子找到光点即可。

游戏解读： 光是视物的前提，利用黑暗中光的变化，既发展视觉，又让孩子逐渐地适应黑暗，减少对夜晚的恐惧情绪。追视能力的提高，有利于基本的视觉动作技巧及方向性的发展。在追视游戏中，家长要引导孩子尽量保持头部不动、视线移动哦！

藏在哪里呢

适宜年龄： 2~5 岁

物品准备： 两个一模一样的不透明杯子、可放于杯子中的小玩具

游戏目标： 发展视觉的辨别力，培养追视能力

游戏方法：

1. 家长将两个不透明的杯子，杯口朝下放置，当着孩子的面，将小玩具放入其中一个杯中。

2. 家长让孩子用手指出来，玩具在哪个杯子里。

3. 家长三次移动两个杯子的位置，再次让孩子指一指玩具在哪里。

难度调节★★

难度提升： 家长将杯子的数量增加为三个，再来试一试。

难度降低： 可以选择图案不一样的两个不透明杯子，或者是两个透明的杯子来进行这个游戏。

游戏解读： 视觉能够追踪移动的物体，是视知觉发展的一个重要能力。在这个游戏中，在孩子看到玩具放入杯子后，家长可以引导孩子用策略来进行确认，比如指出来或说出来，这样可以有效帮助孩子进行后续的追视活动。

趣味看绘本

适宜年龄： 3~7 岁

物品准备： 绘本故事书

游戏目标： 发展视觉的辨别力，培养视觉观察和推理的能力

游戏方法：

1. 家长准备一本以图为主的绘本故事书。

2. 先和孩子一起看一看封面，让孩子观察一下封面的细节，猜一猜故事的主要内容。

3. 在讲到每页的内容时，都先观察一下图片中的内容，再来读文字进行比较。

难度调节★★

难度提升： 找几本杂志，选出其中有人物和情景的图片，让孩子根据人物表情、动作、发生的情况等猜一猜人物在想什么。

难度降低： 家长找一本书，让孩子将书中出现的某一个人物全部都找出来。

游戏解读： 视觉推理，有时候也被简化地称为图形推理，在瑞文测验中，就有很多类似的题目，用非文字化的图形来测验人的推理能力。家长可以尝试选择一些此类的题型，帮助孩子进行简单的练习。

颜色分类卡

适宜年龄：2~5 岁

物品准备：颜色卡片

游戏目标：发展视觉的辨别力，培养视觉搜索的能力

游戏方法：

1. 家长准备颜色卡片：红、黄、蓝、绿、黑。

2. 将卡片背面朝上，叠放在一起，家长和孩子各抽出一张卡片。

3. 家长和孩子拿着自己的颜色卡片，在房间中找一找相同颜色的物品，看看谁能找得多。

难度调节★★

难度提升：将另外一些颜色也加入卡片中吧，如紫色、粉色等。

难度降低：家长选择一个物品，让孩子将颜色卡片中对应的颜色指出来。

游戏解读：儿童对于颜色的认知有先后顺序。刚出生的小婴儿，由于视力发展的限制，对于黑白色更有辨别力；之后，红色由于有较长的波长，更易捕捉，会成为很多孩子的首选颜色；而间色和复色，如紫色、粉色，是较晚才能被区分的颜色。

格子涂色

适宜年龄： 2~5 岁

物品准备： 水彩笔、纸

游戏目标： 发展视觉的辨别力，培养空间认知的能力

游戏方法：

1. 家长在纸上画出左右两个一般大的田字格。

2. 家长在左边田字格的任意一个格子涂色，完成后，让孩子在右面的田字格一模一样的位置涂上颜色。

3. 同样地画出两个田字格，在其中的两个格子涂上颜色试一试吧！

难度调节★★

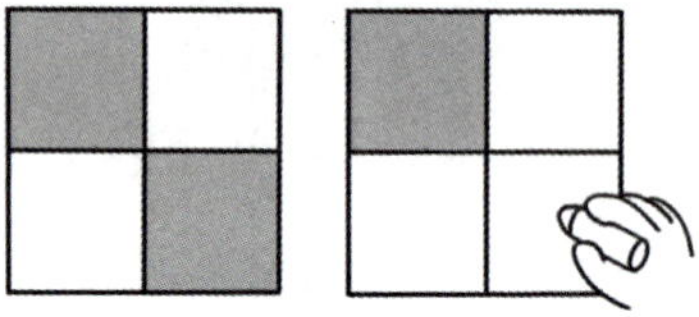

难度提升： 将格子变成 6×6 的数量来增加难度吧！也可以在不同的格子涂上不同的颜色。

难度降低： 家长画一个红色的苹果和一个绿色的梨，让孩子在相应的水果轮廓上涂上对应的颜色。

游戏解读： 上下左右的格子，是非常抽象的空间关系，孩子需要通过比较左右两个格子的位置，再加上一定的数的经验、颜色的经验，才能准确地进行判断，这就非常需要视觉整合的能力了。

有趣的空间关系

适宜年龄： 2~4 岁

物品准备： 小动物玩具若干

游戏目标： 发展视觉的辨别力，培养空间认知的能力

游戏方法：

1. 家长将五个小动物玩具排成一排。

2. 先和孩子一起认一认这些小动物，然后问问孩子："小鸭子的后面都有谁？""小狗的前面一个是谁呢？"

3. 变换小动物的顺序，再来问一问孩子。

难度调节★★

小鸭子的后面都有谁？小狗的前面一个是谁呢？

难度提升： 家长和孩子站在家中一个透明的柜子前，就其中的某一个物品的上下、左右、里外分别有什么来进行提问。

难度降低： 减少玩具的数量，或家里几个大人排队试一试相同的操作吧。

游戏解读： 家长还可以将排好顺序的小动物队伍，让孩子先来记一记，然后将顺序打散，让孩子试着将顺序还原，考验一下他对顺序的记忆能力。另外，也可以让孩子想一想，这些小动物排队要去干什么呢？来发展他的想象力。

你能认出来吗

适宜年龄：3~6 岁

物品准备：不透明的布，其他小玩具若干

游戏目标：发展视觉的辨别力，培养从部分识别整体的能力

游戏方法：

1. 家长准备一块不透明的布，作为幕布遮挡在自己和孩子中间。

2. 家长将一个个小玩具，像小演员一样从幕后推到幕前，但只露出一部分，让孩子猜一猜这个小演员是谁。

3. 家长将玩具整体推到幕前，让孩子来验证自己的猜测。

难度调节★★

难度提升：家长用不透明的布，将一个小玩具完全遮盖住，让孩子根据玩具的轮廓进行猜测，再揭开布料来验证。

难度降低：家长将玩具露在幕前的部分增多，或者给孩子一个线索，如“它发出嘟嘟嘟的声音”。

游戏解读：家长如果配合夸张的声音和表情，能让这个游戏更加吸引孩子哦！在玩具出场前，家长可以说“接下来，要为我们表演的是，噔噔噔，它太害羞了，只露出一点点，你能猜出它是谁吗？”“我们来给它点掌声，鼓励他出来吧！”。

钓小鱼

适宜年龄： 4~6 岁

物品准备： 曲别针若干、白纸

游戏目标： 发展视觉的辨别力，培养手眼协调和注视能力

游戏方法：

1. 家长准备若干个曲别针，将其中一个曲别针的末端拉直，作为“鱼竿”。
2. 将其他曲别针作为“小鱼”，放在白纸做成的“池塘”里。
3. 家长引导孩子用“鱼竿”将这些曲别针“小鱼”钓起来吧！

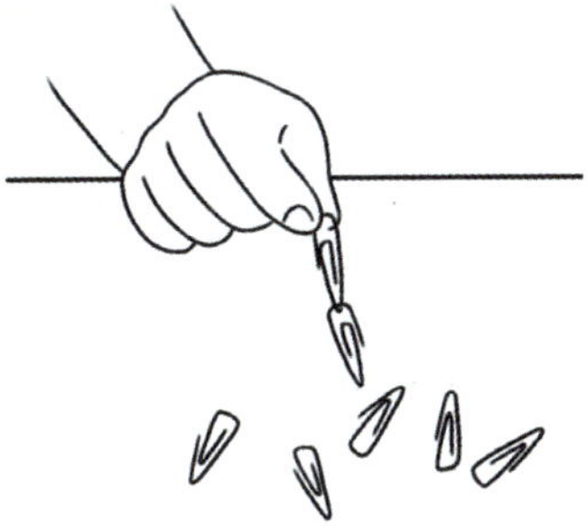

难度调节★★

难度提升： 家长可以选择彩色的曲别针，通过给孩子不同的指令，让他进行颜色的区分。

难度降低： 试一试将一个个曲别针首尾相连变成一条“小蛇”吧。

游戏解读： 颜色和数量的认知，也是视知觉发展中一个重要的内容。这是因为颜色和数量的辨别，不仅仅需要常识的经验，更需要视觉的参与才能够完成。在游戏中，要尤其注意安全，引导孩子养成在游戏前后对曲别针进行点数，以及用完后将其整理归位的好习惯。

动作译码

适宜年龄：3~6 岁

物品准备：纸、笔

游戏目标：发展视觉的辨别力，培养顺序的记忆能力和短时记忆能力

游戏方法：

1. 家长准备几张厚的纸，分别在纸上画出“×”“○”“+”的符号。

2. 引导孩子识记符号“×”“○”“+”的对应动作：拍手、拍膝盖、拍脚。

3. 家长和孩子面对面坐在凳子上，家长出示某一个符号的卡片，孩子做出相应的动作。

难度调节★★

难度提升：家长将每一个符号的卡片制作多张。一次出示三张卡片，让孩子按照顺序做出相应的动作。

难度降低：家长出示图片符号的时候同时给孩子语言的指令，让他有一个视听共同参与的过程。

游戏解读：在多个符号同时出现，并且需要按照顺序出示时，家长也可以不用卡片，直接写出想要的组合。

猜猜需要几个呢

适宜年龄： 3~6 岁

物品准备： 厚的两本书、大的夹子若干

游戏目标： 发展视觉的辨别力，培养视觉空间感知能力

游戏方法：

1. 家长将厚的两本书，平行摆放在一起，间隔约为 10 厘米。
2. 问一问孩子两本书之间可以放得下几个大夹子。让孩子亲自试一试来验证一下吧。
3. 调整两本书的距离，让孩子再来试一试吧！

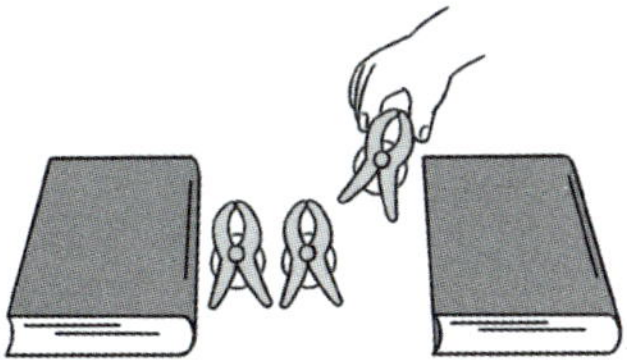

难度调节★★

难度提升： 问一问孩子从门口到沙发，可以放几本大字典呢？亲自验证一下吧。

难度降低： 让孩子用自己的手或脚来量一量两个物体之间的距离吧！

游戏解读： 可以用大的纸盒来替换书本，只要能灵活调整距离即可。在游戏中，家长也可以说出自己目测的结果，和孩子形成一种互动，让过程更加有趣哦！只有对于空间关系有敏感认知的孩子，才能较准确地进行目测。

少了什么呢

适宜年龄：2.5~5 岁

物品准备：各种小玩具、不透明的杯子

游戏目标：发展视觉的辨别力，培养短时记忆能力

游戏方法：

1. 家长将三个玩具放在一排，让孩子先来观察和记忆一下。

2. 让孩子转身背对家长，家长用不透明的杯子将其中一个小玩具罩在下方。

3. 让孩子转过身，说一说哪个玩具不见了，并掀开杯子进行验证。

难度调节★★

难度提升：在孩子转身后，家长可先将玩具的位置进行调换，再用杯子藏起其中一个。

难度降低：在孩子转身前，家长可以用语言先引导孩子将现有的玩具叙述一遍，强化他的记忆。

游戏解读：玩具数量的多少，会影响记忆的难度，家长也可从这个角度来进行调节。用语言进行复述，本身就是一个非常基础的记忆策略，这是“背诵”的一种基本方式，在游戏中，家长可引导孩子使用策略来解决学习问题。

趣味找不同

适宜年龄：2~5 岁

物品准备：各种配饰，如帽子、围巾、眼镜等

游戏目标：发展视觉的辨别力，培养短时记忆能力

游戏方法：

1. 家长将准备好的配饰放在旁边，先让孩子观察一下家长的穿着打扮。

2. 让孩子转身背对家长，家长拿出一件配饰增加或替换到自己身上。

3. 让孩子转回来，说出家长身上有什么不同。

难度调节★★

难度提升：家长可以将变化的内容变得更细微，如在口袋里插上一支笔、将某颗扣子解开、围巾由两头齐变成一长一短等，引导孩子更细致地观察。

难度降低：家长在收拾衣服时，将袜子放成一堆，让孩子从成堆的袜子里一对一对地匹配出来。

游戏解读：这个游戏不仅考验了小朋友的“眼力”，还可以练习短时记忆力。孩子需要记住家长原来的穿着，才能找到不同。

水枪射击

适宜年龄： 3~5 岁

物品准备： 水枪、水、空的饮料瓶

游戏目标： 发展视觉的辨别力，培养注视能力

游戏方法：

1. 家长选择户外一片需要浇水的草地，或家中不怕水淋湿的浴室。

2. 将空的饮料瓶或矿泉水瓶排成一排，让孩子用水枪进行射击。

3. 再将饮料瓶排成别的方式，如像保龄球一样成金字塔的样式，让孩子再来试一试。

难度调节★★

难度提升： 家长和孩子用水枪互相射击，选择在炎热的季节会更适合。

难度降低： 家长给孩子准备一个喷壶，让他近距离地喷一喷植物或其他指定的物品。

游戏解读： 家长和孩子用水枪互相射击时，射击的目标变成了移动的事物，瞄准的过程就变得更难了。要注意的是，在游戏过程中，也要培养孩子珍稀水资源的环保意识，如使用二次水或澄清的雨水等。

扑克狂欢

适宜年龄： 3~5 岁

物品准备： 扑克牌一副

游戏目标： 发展视觉的辨别力，培养目测能力

游戏方法：

1. 家长将扑克牌中只保留数字牌，并将之一分为二，家长和孩子各拿其中的一份。

2. 家长和孩子自行洗牌，分别拿出牌堆中最上面的一张牌，放在桌面上。

3. 家长和孩子进行快速判断，哪张牌面上的图案多，就将手放在这张牌上，快而准确者获胜，并获得该张牌。

难度调节★★

难度提升： 家长和孩子用扑克牌中的数字牌来玩“拉火车”的游戏，双方依次出牌，出现同一数字的牌时，将其中所有牌均归自己所有。

难度降低： 家长只保留数字牌中的 1、3、5、7 牌即可，来减少目测难度。

游戏解读： 快速判断的过程，实际就是目测的过程。揭晓结果时，家长可引导孩子通过数数进行确认，培养孩子良好的读图习惯，避免漏数的情况发生。

手势译码

适宜年龄：3~7 岁

物品准备：无

游戏目标：发展视觉的辨别力，培养顺序的记忆能力

游戏方法：

1. 家长将从 1 到 10 的手势教给孩子。

2. 家长随机出三个数字相同或不同的手势，让孩子先模仿，再报数字。

3. 家长随机出三个数字相同或不同的手势，直接让孩子报出数字。

难度调节★★

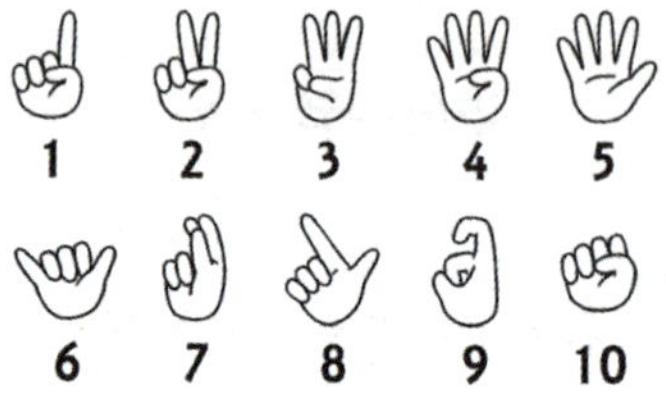

难度提升：家长将手势一次做出 4 个，让孩子将看到的数字按照一模一样的顺序写下来。

难度降低：手势译码有问题的孩子，家长可以向孩子随机提 3 个问题，让他按照顺序来回答。

游戏解读：在游戏中，家长要规定孩子只能在家长说开始的时候再报数字或写数字，不能边看家长做手势就边报或写。另外，一定要注意给孩子的要求是按照顺序说出，让孩子有意识地对顺序进行识记。

巧用报纸练眼力

适宜年龄：4~6 岁

物品准备：旧报纸一张

游戏目标：发展视觉的辨别力，培养背景探索能力

游戏方法：

1. 家长找一份旧报纸，从中间将一篇稍短的文章剪出来。

2. 将这篇文章贴在本子上，让孩子拿一支笔将文章中所有句号都涂上颜色。

3. 涂好颜色后，家长引导孩子再检查一下，看看是否有遗漏。

难度调节★★

难度提升：家长找一篇英文报纸上的文章，让孩子将里面所有的字母“O”都涂上颜色。

难度降低：引导孩子按照要求将一整版报纸上所有的图画都用笔圈出来。

游戏解读：家长和孩子再次检查的过程中，同样要按照从上到下、从左到右的顺序来进行，必要时，家长还可以在一行行的文字旁边标记上数字，以防止孩子漏行、跳行。再来进行新一轮的游戏时，也可以要求孩子按照相同的方式进行。

实物划消游戏

适宜年龄： 3~6 岁

物品准备： 各类坚果若干颗，如花生、大西瓜籽、葵花籽

游戏目标： 发展视觉的辨别力，培养背景探索能力

游戏方法：

1. 家长用三种类型的坚果随机按照 6×6 的列阵排列。

2. 选择其中的某一种坚果，作为目标项，让孩子将列阵中所有该类型的坚果全部找出来。

3. 如果孩子能够很好地完成，可以将列阵变成 8×8。

难度调节★★

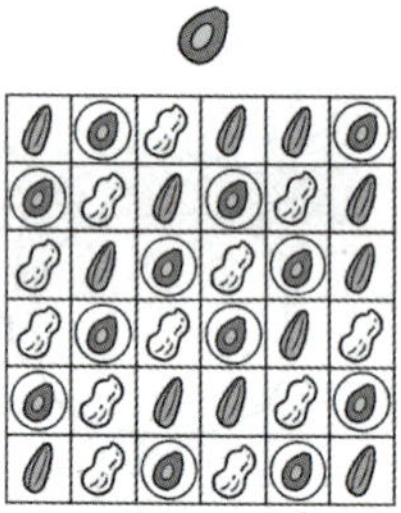

难度提升： 家长自制划消游戏：在纸上画出基本的形状或数字，并设置一个目标项，让孩子用笔将列阵中的所有目标项圈出来或划掉。

难度降低： 将坚果的种类减少为两种，或改为 5×5 的列阵再来进行游戏。

游戏解读： 划消游戏是背景搜索游戏中较为常见的类型，划消的内容除了形状、卡通形象，还包括抽象的数字、字母和文字，该游戏可以为孩子文字阅读能力的发展打下基础。在文本上进行划消时，家长可要求孩子左手点行，右手运笔，逐行划消。

面条能做什么

适宜年龄： 2.5~5 岁

物品准备： 意大利面

游戏目标： 发展视觉的辨别力，增强双手的触觉体验

游戏方法：

1. 家长将意大利面条煮软，并用冷水进行冷却。

2. 家长先给孩子两条意大利面条，让孩子在餐垫上随意地拼一拼、摆一摆。

3. 家长给一张形状的图片，让孩子用意大利面条将其拼出，如正方形、平行线等。

难度调节★★

难度提升： 家长可提供更加复杂的图片和材料，如蝴蝶面、空心面等，根据一幅完整的画面图片，进行拼摆。

难度降低： 家长可以在纸上先将孩子需要拼出的形象画出来，让孩子在纸上画好的线条上进行拼摆。

游戏解读： 将纸上的二维画面用面条拼出来的过程，既要求孩子运用自己的眼睛去观察并记忆，同时黏黏的面条又对手部触觉体验产生了很大的挑战。家长在游戏中，可以再次引导孩子以从左到右、从上到下的顺序来进行复杂图片的观察。

第六章 家庭中的听知觉训练

认识听知觉

人类在母亲胎内时，听觉能力就已经开始建立，在胎儿 6 个月左右时，听觉感受器已经基本发育成熟。我们通过听觉，去辨别声音的来源，感受音乐和人语，不仅如此，我们还可以根据自己的感受，去调节音量的大小，去选择更加热闹或嘈杂的环境，去根据别人的问题进行相应的回答，完成从“听清内容”到“听懂内容”之间的相当复杂的信息加工过程。这个过程绝不仅仅是具备听觉感受器这个生理条件就能完成的，而是要具备进行听觉信息整合的“听知觉”过程。无论是咿呀学语的低龄宝宝，还是处于学龄期的认真学童，听知觉能力的发展，都有着重要的意义和作用。

听知觉发展的意义

听知觉的意义，不仅仅表现在“听”的方面，如完成听声音的作用，还在于听觉与身体其他系统协调时所产生的独特作用。当听觉与视觉协作时，它们可以一起来感知事物，获得更加全面而具体的认知经验；当听觉发音器官合作的时候，它们可以将语词、音节表达得更加清晰、准确。

听知觉能力是儿童在学习活动中学习效果与效率保证的非常关键的因素。听知觉能力的强弱，是影响大部分孩子新授内容接受水平的重要因素。听知觉的发展，对于整个童年期的发展意义都非常明确：

1. 让孩子更加容易将名称与实际的物品建立联系，从而形成概念。

2. 更容易听到准确的音节，有利于孩子清晰地发音。

3. 听觉系统包括耳朵、耳道、外耳和中耳，而前庭接收器则在内耳，两者在生理上的关系，使得听觉发展良好的孩子，前庭觉的发展往往也有优势。

4. 更加愿意与他人沟通，发展良好的人际智能。

5. 敏锐的听觉判断，会降低危险的发生频率等。

听知觉发展障碍的孩子，会有如下的表现：

1. 往往无法判断声音的来源。

2. 分辨音节存在困难，常常听错别人的话。

3. 很难避免声音的干扰，在有声音干扰时，无法专心地进行学习或其他活动。

4. 听别人口述题目或任务时，往往听不全，需要听两次或三次。

5. 对于稍大一些的声音就无法忍受。

6. 在与他人聊天时，经常跑题或不容易融入别人的话题。

7. 回答别人的问题时，经常会答非所问。

8. 唱歌易跑调，说话咬字不清。

9. 听力正常，但对家长叫他却无反应，像“耳旁风”。

10. 不耐烦听别人讲，更愿意自己去看，或者喜欢打断别人的话。

11. 复述故事时，逻辑性差，流失信息较多。

12. 经过激烈的活动后，讲话能力会有所改善。

听知觉训练的主要方法

儿童听知觉发展障碍的表现，可根据其听知觉功能失调的表现划分为五个类型。可以就这五个类型的功能缺失，进行有侧重的训练：

◇听辨能力训练

接受和辨别声音的能力，是听知觉发展的基本能力。很多时候，孩子不能很好地进行声音的辨别，主要原因可能在于听觉的集中性较差，调动注意力难度较大。各种类型的听指令游戏、声音配对、音阶游戏，可以有效地帮助孩子完善提取关键而准确信息的能力。

◇听记能力训练

将听到的信息保持和回忆的能力，是学习的基础能力。如果听到的东西记不下来，孩子就不能累积知识，内化为自己的经验，也就无法运用。很多孩子虽然该听的信息都听全了，但最终只记下来一两条，这是因为后面的信息会把前面的信息覆盖掉。听广度的练习、仿说游戏、猜歌识曲、节奏识记，可以帮助孩子集中注意力进行短时记忆的训练。

◇听序能力训练

听觉信息中不仅内容重要，信息的次序、条理同样作用。

有些孩子在复述或转述故事问题时，会显得颠三倒四、语无伦次，这可能都是由于他们在听的过程中，对于序列的关注不够或者听知觉排序能力较弱造成的。很多视知觉排序能力训练的内容，如译码游戏，经过转化都可以适用于听知觉排序能力的练习。

◇听理解能力训练

听理解能力，简单来说，就是将听到的语音、信号等信息与自己的经验储备相联系，再进行加工理解的能力。有些孩子单个词语的意思是理解的，但连成一句话的时候，就需要很长的时间才能完成加工过程，进而明白句子的意思。听一个完整的故事，然后针对故事进行提问，可以用来观察孩子的听理解能力。

◇听说结合能力训练

有些孩子如果只是听别人说，然后去做相应的动作，可能比较容易，但如果需要在听到别人说的内容进行回应时，就非常困难了。这类的孩子往往是因为听说结合能力较弱出现的问题，主要表现为对他人的复杂的语言信息需要听懂并反馈时存在困难。亲子间日常的沟通、故事续编以及所有涉及词汇理解的游戏，如同义词、反义词等，都可以有效地帮助孩子就这个问题进行练习。

听知觉家庭训练游戏

听知觉家庭训练游戏，是亲子互动的桥梁，也是孩子听力敏感度与语言理解力的加油站。在游戏中，孩子们不仅享受到了乐趣，更在无形中锻炼了听觉辨识与反应能力，为日后的沟通与学习铺就坚实的听觉基础。

大自然的声音

适宜年龄： 2~5 岁

物品准备： 有自然声音的音乐，如班得瑞系列乐曲

游戏目标： 提升听辨能力

游戏方法：

1. 家长准备一首有自然声音的乐曲，如流水声、风声、鸟鸣等，播放给孩子先来听一遍。

2. 问问孩子这首音乐里，都听到了什么声音呢？来说一说。

3. 再来一起听一遍。家长可重点引导孩子去听他第一次听的时候没有听到的声音。

难度调节★★

难度提升： 家长在刮风或下雨的天气，引导孩子在家中或在户外倾听一下风声、风吹动树叶的声音、雨打在屋檐上的声音等。

难度降低： 家长学一学常见的小动物的声音，让孩子来猜一猜。

游戏解读： 大自然的声音，会有着一种天然的和谐之美。在发现自然声音之美的过程中，既能发展孩子的听辨能力，也可以引导孩子去热爱自然，发展出一种审美的意识。如果在户外，家长要尤其注意孩子衣物的增减哦！

轻轻的声响

适宜年龄： 1~5 岁

物品准备： 机械表或闹钟

游戏目标： 提升听辨能力，培养听觉注意力

游戏方法：

1. 家长准备一块机械手表。

2. 家长将机械手表放在孩子的耳朵旁，让他听一听秒钟走动的声音。

3. 家长用自己的声音来模仿秒针走动的节奏，如“嗒、嗒、嗒”，边说边用手指在宝宝的手背上点一点。

难度调节★★

难度提升： 其他家人不说话只做事情，一位家长和孩子一起闭上眼睛，听一听并猜一猜他们在做什么。

难度降低： 家长将宝宝抱在怀中，将宝宝一边的耳朵贴在自己心口上，让宝宝听一听家长的心跳声。

游戏解读： 三个月后的宝宝，开始逐渐地对一些细微的声音有反应，这是听觉发展的一种正常表现。生活中的一些细微声音的倾听，需要宝宝的听觉注意力更高水平的集中，从而去捕捉低分贝的声音信息。

听声辨位

适宜年龄： 1~5 岁

物品准备： 八音盒

游戏目标： 提升听辨能力，培养听觉注意力

游戏方法：

1. 家长准备一个八音盒，先给孩子观察一下并听一听声音。

2. 家长在孩子看不到的时候，将八音盒放在房间的任意角落并打开，观察一下孩子能否自己找到八音盒。

3. 家长将八音盒打开，并放在一个关上的抽屉里，引导孩子听一听、找一找。

难度调节★★

难度提升： 家中大人手机铃声响起来的时候，让孩子根据声音猜一猜是谁的手机，放在哪里。

难度降低： 家长将八音盒放在孩子周围，将一只不透明的布盖在上面。在孩子看不到时，打开八音盒，让孩子找一找。

游戏解读： 声源方位的辨别，是宝宝天生的一项能力。即使是很小的宝宝，当他们听到大的声响时，头也会朝声源的方向转动，这是宝宝听力正常的一个基本标准。转向声源并且能找到声源，会因为音量的强弱、背景的嘈杂程度不同，难易度也不同。

听听什么不一样呢

适宜年龄： 2.5~5 岁

物品准备： 无

游戏目标： 提升听辨能力，培养听记能力

游戏方法：

1. 家长和孩子面对面坐好。

2. 家长先说出四个数字，再来重复说这四个数字，但改掉其中的一个，如第一次说“1、5、3、9”，第二次说“1、5、6、9”。

3. 让孩子快速地说出哪个数字不一样。

难度调节★★

难度提升： 家长给孩子讲故事，讲到某一句话的时候，让孩子认真听，再来重复这句话，改掉其中一个字，如“四只小猪和狼”。

难度降低： 家长第一次说三个水果的名称，第二次将其中一个水果改掉，再来让孩子指一指，如第一次说“苹果、梨、西瓜”，第二次说“苹果、梨、香蕉”。

游戏解读： 家长在开始游戏之前，要和孩子先讲清楚规则，如正确和错误的一组词语，均只说一遍，让孩子认真倾听，以强化孩子集中注意力的行为。另外，每个词说出的时间可间隔 1 秒，让孩子有时间进行重复和默记。

听数拍手

适宜年龄： 2.5~5 岁

物品准备： 无

游戏目标： 提升听辨能力，培养听注意力

游戏方法：

1. 家长和孩子面对面坐好。

2. 家长报出数字，请孩子只有听到数字“3”的时候拍一下手。

3. 家长可以报任意数字，也可以调节速度、轻重，还可以连报“3”。

难度调节★★

难度提升： 家长给到孩子两个目标数字和相应动作，如听到“3”拍手，听到“5”跺脚。

难度降低： 孩子来报数，自己指定目标数，让家长来听数拍手，辅助孩子理解规则。

游戏解读： 这是一个听反应游戏。在游戏中，孩子必须集中注意力，才能快速地进行判断。家长可以将报数的速度变得超级快或超级慢，以增强趣味度。此外，家长也可以或轻或重地报数，也是让孩子对声音轻重有一定的体验和感受。

哪个是自己的声音呢

适宜年龄： 2.5~5 岁

物品准备： 可以录音及播放的设备

游戏目标： 提升听辨能力，培养听注意力

游戏方法：

1. 家长事先录好一段孩子和家人或陌生人交谈的录音。
2. 家长在一个较安静的环境中，将录音再播放一遍。
3. 让孩子听一听哪些话是自己说的，并尝试着复述一遍。

难度调节★★

难度提升： 家长让孩子根据录音的内容回忆一下，这是什么时候的事情，当时发生了什么等。

难度降低： 孩子来听一听录音中都有谁的声音，如果是某个在场的家人，将其指出来。

游戏解读： 小婴儿对于自己的声音会有一种敏感性，当哭泣的小宝宝听到录下的自己的哭声时，他们会停下来听一会儿，听到别的小婴儿的声音时则不会有这种反应。对不同人的声音的辨别，发展了孩子对声色、声调的区分能力和对声音的记忆能力。

记下密码

适宜年龄：3~6 岁

物品准备：两个一次性杯子、一根 2 米长的绳子、纸、笔

游戏目标：提升听辨能力，培养听记能力和听序能力

游戏方法：

1. 家长用长绳将两个一次性杯子的底部连接起来，制成“土电话”。

2. 家长先来准备一些密码卡，上面随机写 3~4 个数字。

3. 家长抽出一张密码卡，通过“土电话”将密码告知孩子，孩子认真听记。孩子听好后到家长这边说出准确的密码，家长拿出密码卡来核对。

难度调节★★

难度提升：家长将密码卡上的密码变成 5 位来试一试，也可以让孩子把听到的密码写到纸上。

难度降低：家长在电话上讲一件家中的物品，让孩子将它找出来。

游戏解读：该游戏从简到难，从一次记 3 个数字，到一次记 5 个数字，是在扩展孩子的听广度。密码卡起到的作用是让孩子自己进行验证，提高他们对数字的敏感度。

接说数字

适宜年龄： 3~6 岁

物品准备： 无

游戏目标： 提升听辨能力，培养听记能力

游戏方法：

1. 家长和孩子一起来唱数，看看孩子最多能数到多少。

2. 家长报一个数字，让孩子报出这个数字的后一个数字。

3. 变换规则，家长报一个数字，让孩子报出这个数字的前一个数字，或后面相隔的一个数字。

难度调节★★

难度提升： 家长和孩子来试一试词语接龙吧，家长说一个词语，孩子用这个词语结尾的字作为新的词语首字。

难度降低： 家长将数字限制在 10 以内，但可以加上要求，如 2 的前面、5 的后面等。

游戏解读： 数字和词语的接龙都要求孩子先具备相关的经验，如唱数的能力、词语有一定积累等。随着孩子年龄和知识经验的增加，也可以要求孩子说出某个数字的倍数或以成语接龙等，以强化他新学到的内容。

音乐木头人

适宜年龄： 1~4 岁

物品准备： 儿歌 *Freeze Dance*

游戏目标： 提升听辨能力，发展听反应能力

游戏方法：

1. 家长和孩子一起来听一听儿歌 *Freeze Dance*，发现这首歌曲的独特之处。

2. 家长和孩子一起来扭动身体，当音乐突然停下来的时候，就要定格正在进行的动作上，当音乐再响起来时，再开始扭动身体。

3. 家长和孩子一起来走圆圈，在行进过程中一起来完成这个游戏吧。

难度调节★★

难度提升： 孩子随任意音乐摇摆，要留心听家长的指令，家长喊停的时候要停下来。

难度降低： 家长抱着孩子在空间中摇摆走动，音乐停下来的时候，和孩子一起停下来。

游戏解读： *Freeze Dance* 是一首非常特别的儿歌，动感的节奏配合突然的停顿，让游戏变得非常有趣。如果家长找不到这首乐曲，可以随便选一首节奏感较快的儿歌，由另一个家长来操作音乐的开始、暂停即可。

钢琴的声音

适宜年龄：2~5 岁

物品准备：钢琴演奏视频、钢琴曲

游戏目标：提升听辨能力

游戏方法：

1. 家长和孩子一起来看一段钢琴演奏片段，观察一下钢琴家是怎样演奏的。

2. 家长给孩子听一首钢琴曲，并和孩子一起模拟弹钢琴的样子。

3. 家长和孩子在彼此的背上“弹钢琴”，可以根据钢琴曲音乐的强弱变化，手指动作也有强有弱。

难度调节★★

难度提升：家长找三首不同乐器演奏的音乐片段，如小提琴、钢琴、二胡，让孩子听一听哪一个音乐片段是用钢琴演奏的。

难度降低：家长和孩子一起来到乐器店，看看钢琴的样子，再轻轻地按一按琴键，听一听钢琴的声音。

游戏解读：钢琴因其优美的声音、广阔的音域，有着“乐器之王”的美誉。从小学习钢琴，能够区分乐器之声、欣赏音乐之美，既可以培养孩子的艺术修养，也可以锻炼听觉能力。

声音来配对

适宜年龄： 3~6岁

物品准备： 有盖小铁罐、各种小物品

游戏目标： 提升听辨能力，增加听觉经验

游戏方法：

1. 家长准备6个一样的小铁罐，在铁罐中放上摇动时可以发出声响的小物品，如豆子、大米、钥匙、弹珠等。

2. 每两个小铁罐放相同的物品，数量也尽量保持一致。

3. 让孩子分别摇动每个小铁罐，找出哪两个铁罐的声音是一样的。

难度调节★★

难度提升： 家长只准备一个铁罐，能发出声响的小物品各准备两份，每次呈现给孩子五种物品，并选择其中一种的另一份放入铁罐中。让孩子听一听铁罐摇动的声音，将相同的物品从中挑出来。

难度降低： 在两个铁罐中装入黄豆，变成简易“沙槌”，跟着音乐一起来摇一摇。

游戏解读： 声音配对游戏，不仅要去听清物品摇动的声音特征，还要具备对不同物品与铁制容器发生碰撞时声音的推测能力。装奶粉的铁罐、铁制的小盒子，都可以用来完成这个游戏哦！

节奏打出来

适宜年龄： 3~6 岁

物品准备： 无

游戏目标： 提升听辨能力，发展听记能力

游戏方法：

1. 家长和孩子面对面坐好，选择一首熟悉的儿歌，一起来匀速用手拍节奏。

2. 让孩子模仿家长匀速拍手。

3. 家长打出一个简单的拍子，让孩子模仿出来，如 ×××。

难度调节★★

难度提升： 家长和孩子一人一个小鼓，家长用手在鼓上拍出一个鼓点，让孩子模仿拍出来。

难度降低： 家长和孩子一人一个小鼓，孩子用手在鼓上拍出一个鼓点，家长试着模仿，让孩子来判断。

游戏解读： 节奏的模仿，是一个看、听、做结合的过程。如果家长希望能更加集中地进行听记能力练习，可以将自己拍出来的节奏录下来，再播放给孩子听。家长可以以拍手、拍腿的方式，来让孩子体验音的轻重。

音阶游戏

适宜年龄：3~6 岁

物品准备：啤酒瓶、水、绳子、小木槌

游戏目标：提升听辨能力

游戏方法：

1. 家长准备 5 个啤酒瓶，在每个玻璃瓶中加入不同量的水。

2. 将 5 个水量依次增加的玻璃瓶用绳子吊成一排，让孩子用小木槌来敲一敲。

3. 可尝试敲击其中一个，让孩子猜一猜敲的是哪一个。

难度调节★★

难度提升：家长来敲八音砖上的其中一个音键，让孩子将之前约定好的动作做出来，如听到“1”拍脚，听到“2”拍膝盖，听到“3”拍屁股等。

难度降低：家长将啤酒瓶按照音阶依次吊在梯子上，让音阶的概念更加明晰。边敲击边唱音阶。

游戏解读：看似非常高深的音阶，是不是通过这种方式表现得很有趣呢，依次横着摆放的啤酒瓶像不像乐器中的管风琴呢？在这个过程中，也可以使用真实的乐器或相关的音乐类软件来进行更加准确的音阶听力练习。

故事还能这样讲

适宜年龄： 3~6 岁

物品准备： 无

游戏目标： 提升听辨能力，培养听注意力和听理解力

游戏方法：

1. 家长选择一个稍短一些的故事，选定故事中经常出现的两个字或词，如“人”或“小猫”，作为目标字。

2. 告诉孩子接下来在听故事的时候，如果听到目标字“人”就拍一下手，而听到目标词“小猫”则跺一下脚。

难度调节★★

难度提升： 家长针对故事的某些细节进行提问，或者要求孩子进行复述。

难度降低： 家长可以将目标字减少，来调整难度。或仅仅在故事后提问即可。

游戏解读： 听故事的过程，既需要孩子注意倾听故事的内容，还需要孩子去理解故事的剧情。讲故事的时候，家长可以创设一个尽量简单、安静的环境，让孩子更加容易集中注意力去倾听。定时定点的阅读，是非常重要的学习习惯哦！

听力谜语

适宜年龄： 4~7 岁

物品准备： 几段音效

游戏目标： 提升听辨能力，培养听理解力和听说结合的能力

游戏方法：

1. 家长准备一些音效，如寒风呼呼吹的声音、门吱扭被打开的声音。
2. 播放其中的一段音效，问一问孩子这是什么声音。
3. 让孩子根据这个音效提供的特征，来编个故事。

难度调节★★

难度提升： 家长和孩子一起来听一个音效，根据音效的特征，合作接续故事，如家长开头，孩子接一个情境，家长再来接上。

难度降低： 让孩子根据某个音效的特征，进行情景表演。

游戏解读： 除了选择现有的音效资源，家长还可以自己来制造一些声音建立听力谜语，如倒水入杯的声音、用剪刀剪纸、拉开拉链、搅拌鸡蛋等的声音，让孩子闭上眼睛猜一猜，来拓展和强化他的听觉经验。

听声音学动作

适宜年龄： 2~3.5 岁

物品准备： 常见小动物的声音、小动物的图片

游戏目标： 提升听辨能力，培养听说结合能力

游戏方法：

1. 家长给孩子看三张小动物的卡片，再播放其中一个动物的声音。

2. 让孩子从卡片中将这个小动物找出来。

3. 让孩子模仿这个小动物的声音和动作。

难度调节★★

难度提升： 家长给孩子听一听含有自然界中动物真实声音的音乐，让他听到的时候指出来。

难度降低： 选择一首和动物声音有关的儿歌和孩子一起来读一读，并强化他对于动物声音的认知。

游戏解读： 大部分的宝宝在 2 岁左右时，已经能分辨出几个常见的小动物叫声之间的不同，并能够进行学习和模仿了。模仿小动物声音的游戏中，孩子需要把自己听到的信息再用嘴巴表达出来，是听说结合能力的有益练习。

猜歌名

适宜年龄： 2~3.5 岁

物品准备： 熟悉的儿歌、音乐播放设备

游戏目标： 提升听辨能力

游戏方法：

1. 家长和孩子一起来唱一唱他熟悉的儿歌，并说一说歌曲的名称。

2. 家长从儿歌中随机选一首播放，让孩子自己说出歌名。

3. 如果孩子识字，可准备歌名卡，让他将卡片选出来。

难度调节★★

难度提升： 将孩子熟悉的一首儿歌播放到中间时暂停，孩子在暂停处接唱歌词。

难度降低： 让孩子来点歌，再给他随便播放一首，让他猜一猜播放的内容是不是正确。

游戏解读： 音乐歌名的猜测，不仅要求对于歌词熟悉，还要对旋律熟悉。在研究中发现，一些唱出来的儿歌或古诗，往往会有更加长久的记忆储存时间。在孩子对儿歌比较熟悉之后，家长还可以选择这些儿歌的音乐伴奏让孩子来猜歌名。

小动物们来分类

适宜年龄： 2~3.6 岁

物品准备： 小动物卡片

游戏目标： 提升听辨能力，增长常识认知，发展听指令的能力

游戏方法：

1. 家长先从卡片中选出五张卡片。

2. 孩子拿着卡片，根据家长的要求将卡片进行分类。

3. 家长可以根据动物的外表特征、习性等来分类，如长角的动物和不长角的动物，两条腿的动物和四条腿的动物，吃肉的动物和不吃肉的动物等。

难度调节★★

难度提升： 家长精选五张卡片，让孩子根据动物的某一特征进行排序，如根据体积从大到小或从小到大，根据尾巴的长度从长到短或从短到长，等等。

难度降低： 家长可以提一个要求，让孩子将符合要求的小动物找出来，如“哪个小动物长着长耳朵呢？”。

游戏解读： 很多视觉、听觉的训练项目，都要求孩子具备一定的认知经验，如认识小动物的名字、了解它们的基本习性等，所以家长要有意识引导孩子学习一些常识，对孩子的成长也是很重要的。

贴鼻子

适宜年龄： 4~7 岁

物品准备： 纸、笔、眼罩、剪刀

游戏目标： 提升听辨能力，培养空间方位感受能力

游戏方法：

1. 家长在一张大的纸上画一个没有鼻子的人脸，贴在墙上。

2. 再画一个鼻子，按照轮廓将其剪出来。在鼻子后面贴上一块双面胶。

3. 孩子戴上眼罩，在家长的语言引导下，将鼻子贴到准确的位置，家长可以用“上下左右”等词进行引导。

难度调节★★

难度提升： 除了贴鼻子还可以贴眼睛哦，两个眼睛的位置要互为呼应，要求更高！

难度降低： 一张人脸的线条画，孩子根据家长的指令要求进行涂色，一只眼睛涂上蓝色，一只涂上绿色等。

游戏解读： 贴鼻子是一个非常经典的游戏，在游戏中，将视觉功能进行了屏蔽，使得听注意力更加集中。听专注最容易实现的条件，就是在其他感官通道，尤其是视觉通道关闭的状态下。也可以让孩子在家长的语言引导下，将“鼻子”用笔画出来。

听指令收集狂

适宜年龄：3~7岁

物品准备：家中客厅或卧室，秒表

游戏目标：提升听辨能力，培养听记能力和视觉观察能力

游戏方法：

1. 孩子问家长："请问，你需要收集什么呢？"

2. 家长可以根据环境中的物品，回答孩子说："我需要两个枕子、三个杯子、四颗糖。"

3. 家长让孩子快速地按照要求收集物品，并帮他计时，看看最短可以多长时间找齐物品。

难度调节★★

难度提升：每轮游戏结束后，让孩子自己将找到的物品归位，发展他对于空间的记忆能力。

难度降低：孩子来下指令，家长收集好物品后，请孩子来验收，比较一下家长收集的物品和自己提出的指令是否一致。

游戏解读：听指令是用来观察孩子听注意力发展很简易的一种方式，家长在平时也可以要求孩子将物品放到某一个具体的位置。另外，家长也要注意自己平时说话的方式，如果一而再地重复问话，会更容易让孩子对听到的内容充耳不闻。

PART 3

促进感觉相关技能的训练内容

在生活中，除了基本、明显的感统活动之外，还有其他的活动也需要感官的参与，或者说也会从侧面影响促进其他感觉系统的发展。其中，手部肌肉的精细动作和口腔肌肉的动作，是其中典型的两个方面。

第七章 家庭中的精细动作训练

认识精细动作

很多人会将精细动作也称为小肌肉动作。“小肌肉”是相对于“大肌肉”而言的，具体指除了涉及人对于腿、臂、胸、背等躯干控制的大肌肉群之外，所有“小块”的肌肉群，如手部、脸部及脚部的肌肉等。脸部肌肉的发展，我们会在下一章中进行重点介绍。由于人类发展中上肢和下肢的功能逐渐地在发生变化，手部小肌肉的动作发展的多样化要远远大于脚部。在本章，我们把孩子手部小肌肉动作的发展定义为精细动作的发展，涉及孩子所有需要动手完成的活动，除了手的一些基本动作外，还包括需要与其他感官相协调的一系列活动。

精细动作发展的意义

可以说整个0~6岁是孩子精细动作发展最快的一个阶段，从最初的反射式的抓握，到有意识地拿取，甚至于完成精巧的日常生活技巧，如打开包装、穿好袜子等，都表明他们精细动作发展的巨大飞跃。显而易见，精细动作的发展，对于孩子整个人生都有着重大的意义：

1. 良好的自我服务能力，如筷和勺的使用、穿脱衣物等。
2. 增强握笔书写能力，为学习打基础。
3. 更强的双手探索能力，有利于孩子更好地了解环境和事物。
4. 有利于更准确和熟练地使用各类工具等。

除此之外，精细动作的发展，同样会对其他感觉系统的统合能力产生影响：

1. 手部精细动作的达成，有赖于大脑对整个躯干大肌肉的指挥，如手臂要伸出或脚要走到相应的位置，因而大动作发展仍然是精细动作发展的基础；手部精细动作完成的过程，又需要与大肌肉动作相协调，从侧面强化大肌肉动作的发展。

2. 手部小肌肉在完成精细操作时，需要视觉的参与，并保持手眼的协调，才能够最终实现准确的目标操作。

3. 孩子需要触觉、本体觉等相关感觉系统帮助他进行准确的判断，如物品的大小、轻重等。反过来，孩子参与手部精细活动时，也是在增长其他的感觉经验，从而为其他感觉系统判断提供经验参考。

精细动作训练的主要方法

拿、点、拍、撕、粘、搓、团、放、写、画等，都是和手部小肌肉相关的活动。在精细动作的训练中，也会以不同手部动作形式的练习为主要线索。

此外，根据儿童手部精细动作发展的次序和规律，我们会将其分为五个部分：伸手拾放物品，摆弄物品，双手配合，手眼协调，工具使用。其中前四个内容，是比较基本的操作能力，虽然说有一定的发展次序，但实际上很多精细动作的过程中都包含这几个方面；工具使用中的手部精细动作，则更多地涉及对文具的使用，如用笔去画画、使用卷笔刀、从胶水棒中挤出胶水等。

◇伸手拾放物品

看见物品伸手想去触碰，把物品从一个地方捡起来，或者把手里的物品放在某个地方，都是非常基本的手部精细动作。约在 1 岁之前，大部分的宝宝都可以完成这些动作。当然，更加精细的拾放活动，要在宝宝 2 岁左右时才能掌握，如将细小的物品拾起来或放入小瓶中。

如果孩子还不能很好地完成这些动作，大部分会是发展的原因。不同的孩子发展的规律虽然是相似的，但发展的时间却是不相同的，有的宝宝在 4 个月左右时就可以主动伸手并抓到眼前的物品，但有的宝宝却需要到 6 个月左右。家长首先不要过分惊慌，但也要在相应的时间段进行相关的练习。

伸手拾放物品的训练，主要通过三种方法来进行：

1. 伸手练习：使用有声或可发光的、容易引起宝宝兴趣的物品，吸引他向目标方向伸手。

2. 拾物练习：通过有意识放置宝宝感兴趣的物品，引导不同年龄段的宝宝，用大把抓、二指捏的方式将物品捡起来。

3. 放物练习：给宝宝多个物品，引导他放下一个物品来拿另一个物品，或者将物品随意放下，也可以要求宝宝将物品放入目标容器中。

在进行伸手拾放物品的训练时，通常用到以下物品：

1. 发光或发声的玩具，如手摇铃、玩具电话等，更加容易吸引宝宝的注意。

2. 不同大小的球、积木等，更加容易抓握，也让游戏更加丰富。

3. 不同口径的容器，为放物练习提供不同的难度选项。

◇摆弄物品

随着宝宝的成长，他们将玩具拿到手中以后，不会再停留在用眼睛看、用手摸、用嘴咬或舔的阶段了，他们更加希望通过自己的操作，让这个玩具有点变化，比如说打开一个盖子、发出声音、放进另一个物品等，这些都与他们摆弄物品的技能非常相关。

宝宝摆弄物品的手部精细动作技能，会随着他手眼协调技能的提高而提高，与其有着密不可分的关系。同时，摆弄物品的技能，也会与宝宝对于所摆弄物品的熟悉度和熟练度相关。在平时的生活中，要尽可能地给孩子摆弄不同物品的机会，但也要保证更换的频率不宜太高。

摆弄物品动作相关的训练，主要通过五个方面来进行：

1. 摇晃物品：通过自己的摇晃，让手上的物品发出声音。

2. 打开、盖上容器：打开盖子、盖上盖子；拧开瓶盖、拧紧瓶盖；拉开布袋、合上布袋。每一次打开、合上的过程，同时也是对物品空间关系的探索。

3. 敲击物品：用手或其他物品对桌面或其他玩具进行敲击，使其发出声音，甚至是有目标地、有节奏地打击儿童乐器。

4. 按压、捏紧物品：用力按下物品，使其发声、发光或发生其他的变化。

5. 摆放物品：把物品按照一定的序列摆成行、列，或者垒高等。

在进行摆弄物品动作的训练时，通常用到以下物品：

1. 木质小沙槌，用来练习摇晃、敲击的动作。

2. 小鼓，作为一种简单的小乐器，通过使用鼓槌敲击使其发出声音。

3. 捏响玩具，用力进行按压，训练手部按压、捏紧的力量。

4. 有盖或能合上的容器，练习打开、合上的动作。

5. 套杯、积木等，用来练习多个物品的垒高、摆放动作。

◇双手配合

一只手能完成的事情是有限的，当宝宝的双手可以进行配合时，他可以摆弄物品的能级也会提升很多。当然，这是一个循序渐进的过程，3 个月左右时，宝宝最多也就能做到将双手交握，但 5 个月时，很多宝宝已经可以自己双手来握奶瓶了。发展迅速的宝宝，在 6~8 个月时，就能完成倒手的动作，1 岁半左右可以拉开较紧的拼插玩具，2 岁以后自己能把瓶盖拧开，2~3 岁时可以进行较大孔的穿珠活动。

在宝宝具备了精细动作发展的基础能力之后，他双手配合的熟练度与其操作频率是非常相关的。

可以主要通过五个方面来进行相关的练习：

1. 双手合握：让孩子双手端起杯子、瓶子，或提着杯子的双耳柄等。

2. 倒手活动：让孩子将玩具从一只手倒到另一只手上。

3. 双手同动作游戏：双手做同一个动作，如双手拼插玩具，或双手拆开拼插好的玩具、拍手等。

4. 双手不同动作游戏：孩子一手握住瓶身，一手将瓶盖拧开，或者一手固定物品，一手进行其他的操作等。

5. 手指游戏：结合有趣的儿歌、简易的手指动作进行的游戏活动。

在进行双手配合的训练时，通常用到以下物品：

1. 喝水的杯子或瓶子，用来练习双手合握的技能。

2. 雪花片、拼插管道等拼插类玩具，用来练习双手做同一动作的配合能力。

3. 有瓶盖的瓶子、串珠等用以练习双手不同动作的配合能力。

◇手眼协调

宝宝手部精细动作有关的所有技能，几乎都离不开视觉的帮助，需要手和眼睛的统一协作才能够最终完成。但更高级水平的手部精细活动会对手眼协调能力的真正运用产生更高要求。手眼协调的意思，简单来讲，就是指手指到达的地方就是眼睛看到的地方。

手眼协调的所有练习，均无法离开基本的操作动作，但其练习重点，仍然会侧重于几个方面：

1. 准确地拿出物品：食指和拇指对捏，拿出较小的物品。

2. 准确地放置物品：将很小的物品，根据其特定形状的轮廓对准放入。

3. 穿珠、滚珠游戏：需要高度手眼协调和双手配合来完成的精密的手部控制游戏。

在进行手眼协调的训练时，通常用到以下物品：

1. 面团、橡皮泥团等是基本的造型游戏用料。

2. 穿珠游戏、拼图，最考验手眼协调能力的游戏。

3. 钥匙和锁，最需要准确匹配的生活用品。

◇工具使用

工具的使用，是在宝宝手部精细动作基本操作能力发展的基础上，更加高级的一种能力。工具的使用，不同于之前简单使用鼓槌进行敲击发声，而是在拾物、双手配合、手眼协调技能均有充分发展时，才能完成的高精度任务。

在本章中，工具的使用，会更加侧重于文具类工具使用的几个方面：

1. 运笔：对不同类型笔的使用和应用，是学龄儿童需要掌握的一个重要技能，会很大地影响到他后期的学习能力。

2. 纸类工具：各种类型的纸，可以延展出多种多样的游戏。

3. 拓印类工具：拓印工具，是一个将图像进行转印的过程，既考验孩子手眼协调的能力，也考验他们手部的力量。

4. 裁剪、粘贴类工具：剪刀、裁纸刀、胶水等的使用，是一个要求双手高度配合的经典活动。

在进行这些活动时，通常会用到以下物品：

1. 笔：蜡笔、油画棒、水彩笔、铅笔，都会有不一样的书写体验，需要不同的精细动作技巧。

2. 纸：各种材质、颜色、大小的纸，会让游戏生出无限可能。

3. 其他文具：剪刀、裁纸刀、胶水、固体胶棒、橡皮擦等，每一种文具的使用方法，都是对于工具使用能力的特别考验哦！

当然，不仅仅工具还有很多，文具也还有很多并没有涉及其中，如文具盒或笔袋、尺子、文件套等，但在基础动作能力培养和其他工具使用的过程中，得到强化的精细动作能力也会迁移到其中。

精细动作家庭训练游戏

精细动作家庭训练游戏，是孩子手部小肌肉发展的催化剂。多样化的动手活动，不仅可以锻炼孩子的手眼协调能力与指尖灵活度，还能激发孩子的创造力与独立性，为孩子未来的学习与生活打下坚实的基础。

自己吃水果

适宜年龄： 1~2 岁

物品准备： 各类水果条或其他可以切成条状以供宝宝食用的食品

游戏目标： 提升手部抓取物品的能力

游戏方法：

1. 家长先为宝宝准备一些切成条状的水果条，以宝宝能够抓起为宜。

2. 家长先将水果条放在较浅的盘子里，引导宝宝去发现。

3. 家长示范用手抓取水果条，引导宝宝自己去抓取。

难度调节★★

难度提升： 家长可以将水果条变成小块的食物让宝宝来抓取，如小馒头等。

难度降低： 家长将水果条直接放在宝宝手里，让他抓住，自己放到嘴巴里。

游戏解读： 宝宝自己伸手去抓取物品，并将之放入嘴巴中，既需要手指小肌肉的配合，也需要视觉和本体觉的参与。人的整个感觉系统，在很多时候都是联动并且合作的，所以多让宝宝进行手部的精细动作练习，意味着全身很多系统的协调能力也会得到强化。

用夹子

适宜年龄： 2~4 岁

物品准备： 塑料晾衣夹

游戏目标： 提升手指两指捏的动作及双手配合的能力

游戏方法：

1. 家长找一些塑料的晾衣夹，选择的衣夹不宜太紧。
2. 家长握着宝宝的手，用拇指和食指尝试将衣夹夹开。
3. 家长握着宝宝的手，将小袜子、小手帕等夹在衣夹上，并引导宝宝自己来试一试。

难度调节★★

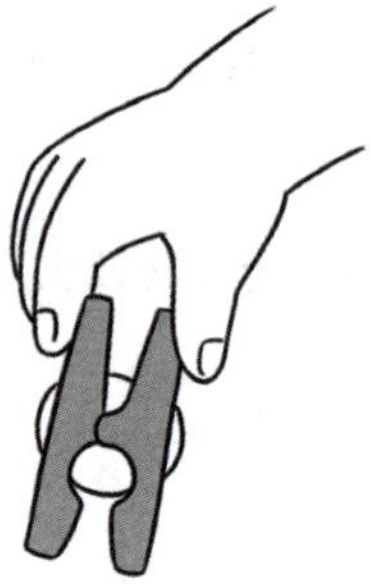

难度提升： 家长可以选择一些稍紧的衣夹，并引导宝宝双手用力将衣夹夹开。

难度降低： 对于还不能将衣夹夹开的宝宝，家长可以将衣夹夹在衣物上，让宝宝自己将衣物取下来。

游戏解读： 大把抓、三指捏、两指捏，是宝宝抓取动作发展中会经历的几个阶段。两指捏具体指使用食指和拇指相对抓取物品的过程，是较难的一个动作。大部分的宝宝要在 1 岁以后，甚至是 2 岁左右才能很好地完成两指捏的动作。

橡皮泥团子

适宜年龄：2~4 岁

物品准备：橡皮泥

游戏目标：发展双手配合能力，强化按压动作

游戏方法：

1. 选择安全的橡皮泥，让宝宝自己玩一会儿。

2. 家长取一小块橡皮泥，放在手心，将橡皮泥搓成小圆球。

3. 将搓好的小圆球放在桌子上，排成一排，让宝宝自己食指用力压扁。

难度调节★★

难度提升：宝宝自己试着来搓一搓小圆球，学习双手手心相对揉搓的动作。

难度降低：家长准备一块大一些的橡皮泥，团成一团，让宝宝用整个手掌按压。

游戏解读：橡皮泥是宝宝手指动作游戏中非常重要的一个工具，其可塑性和可逆性都较强的特点，比较容易满足宝宝创意与摆弄物品的内在需求。除了徒手进行捏塑操作之外，家长也可以选择一些模具和小工具，来增加游戏的玩法。

勺子和豆子

适宜年龄： 2.5~5 岁

物品准备： 小碗、勺子和豆子

游戏目标： 发展一手静止、一手操作的双手配合能力，强化手眼协调能力

游戏方法：

1. 准备两个小碗，在其中一个里面放一些豆子。
2. 给宝宝一把小勺，让他尝试在小碗中舀起豆子。
3. 再尝试将豆子舀起慢慢地运到另一个小碗里。

难度调节★★

难度提升： 在宝宝对于使用筷子有一定熟悉度之后，可以用筷子来代替勺子。

难度降低： 家长可以让宝宝自己用勺子来舀食水果块。

游戏解读： 勺子和筷子的使用，对于宝宝手部动作都有很高的要求。在平时的生活中，要尽可能地给到宝宝机会自己使用餐具来进食，这样他们用勺、用筷的技能才能得到提升。此外，使用豆子时要注意安全，防止宝宝将其塞入鼻子和耳朵中。

玩转面团

适宜年龄： 2~6 岁

物品准备： 面团、类似于擀面杖的小木棒、安全小刀

游戏目标： 发展双手配合能力，强化工具的使用

游戏方法：

1. 家长准备一团面团，分一块给宝宝。

2. 让宝宝使用擀面杖将面团擀成厚厚的一张饼。

3. 让宝宝用安全型小刀将面团切成不同的大小，然后再来随意造型。

难度调节★★

难度提升： 使用圆形模具将面饼压成圆形的一块，将一个小积木作为其中的馅料包起来。

难度降低： 家长可以让宝宝把面团当成擀面杖，将面团搓成一长条。

游戏解读： 相对于橡皮泥，面团既经济实惠又安全。虽然准备起来有些麻烦，但不妨让宝宝一起加入准备的过程，对于他而言也是全新的体验哦！“搓”“切”的动作均需要双手能够很好地配合，而安全小刀这一工具的加入，也增加了无数可能。

积木垒垒高

适宜年龄： 1~4 岁

物品准备： 积木

游戏目标： 发展手眼协调的能力

游戏方法：

1. 家长让宝宝选择几个积木自己来玩一玩。

2. 家长示范如何将积木垒高。

3. 让宝宝自己用积木垒高，或者家长先来垒高几块，让宝宝在上面再放上一块。

难度调节★★

难度提升： 家长准备一颗骰子，宝宝投出数字几就要垒高几颗。

难度降低： 家长可以选择带磁力的积木，让宝宝更加容易垒高。

游戏解读： 积木搭高，既是对于孩子取物、放物动作的训练，更是对于手眼协调能力的提升，因为能准确地取放物品都有赖于视觉与手的精密配合。积木的大小、材质、形状，均会影响到孩子垒高的难度，家长们可以在观察中有意识地调整。

挤泡泡

适宜年龄： 2.5~6 岁

物品准备： 泡泡包装纸

游戏目标： 发展拇指按压的能力，练习二指捏的动作和手指的力量

游戏方法：

1. 家长准备一些泡泡包装纸。

2. 家长示范如何用拇指、食指对捏来让泡泡破掉，引导孩子也来试一试。

3. 如果两只手的拇指、食指同时来做这个动作，可以让两个泡泡一起破掉吗？来试一试吧！

难度调节★★

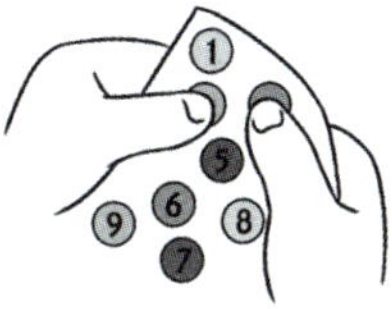

难度提升： 家长用彩色笔在泡泡上涂上颜色或写上数字，让孩子根据要求来捏破相应的泡泡。

难度降低： 将泡泡包装纸放在桌子上，家长示范如何用拇指按压来让泡泡破掉，引导孩子也来试一试。

游戏解读： 泡泡包装纸，可以有效地防止物品的撞击，减少损失。有很多的成年人都很喜欢挤泡泡包装上的泡泡，来自我减压或放松。但实际上，将泡泡挤破，并不是一件容易的事情，它需要两个手指之间的精细配合以及一定的力量哦！

贴纸乐趣多

适宜年龄： 2~4 岁

物品准备： 贴纸

游戏目标： 发展二指捏的动作

游戏方法：

1. 家长准备一些平面的贴纸。
2. 将其贴到宝宝的衣服上、脸上、手上、腿上或其他的部位。
3. 让孩子找到这些贴纸，并将其撕下来。

难度调节★★

难度提升： 家长可以让孩子自己将贴纸从贴纸板上撕下来，贴在相应的地方。

难度降低： 家长可以选择单个面积较大的贴纸，或者立体的贴纸来让宝宝撕的过程更容易。

游戏解读： 贴纸是小朋友们非常喜欢的一个小“玩具”哦！在家长将小贴纸贴在孩子身体的各个部位让他去寻找时，其实也是在考验他皮肤触觉的感知能力；黏黏的贴纸，粘在手上甩不掉的感觉，也是一种特殊触觉体验哦！

拼拼插插有意思

适宜年龄： 2~5 岁

物品准备： 拼插玩具

游戏目标： 发展双手配合和手眼协调的能力

游戏方法：

1. 家长准备某一个类型的拼插玩具，如拼插管道、雪花片等。

2. 让孩子自己随意地玩一会儿。

3. 选择两个拼插玩具，家长示范将其拼插在一起的过程，让宝宝自己来模仿试一试！

难度调节★★

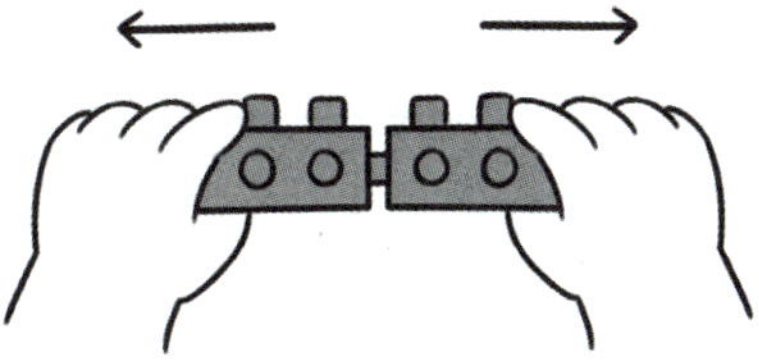

难度提升： 让孩子将多个拼插玩具进行造型创意，并讲一讲拼出来的是什么。

难度降低： 家长可以将两个拼插玩具拼好，让孩子自己将其拉开。

游戏解读： 拼插玩具的类型非常多，爸爸妈妈在选择时，可以根据两个单配件拼在一起的难度、大小的不同，进行符合孩子年龄阶段的选择。一般而言，配件稍大一些、拼插位较少的拼插玩具更适合低龄的宝宝哦！

运笔画线

适宜年龄： 2.5~4 岁

物品准备： 纸、笔

游戏目标： 发展运笔能力和手眼协调的能力

游戏方法：

1. 家长准备一张纸和一支较易显色的笔，如水彩笔。

2. 让孩子随意在纸上点一点、画一画。

3. 家长在纸上点两个点，距离约为 5 厘米，让孩子自己用笔画一条线将两个点连起来。

难度调节★★

难度提升： 家长在两个点之间以虚线的形式，画出半圆，让孩子尝试着沿虚线画弧线，将两个点连起来。

难度降低： 家长将两个点的距离缩短，如 2~3 厘米，让孩子再来试一试。

游戏解读： 笔的使用，对于宝宝后期的学习会有非常重要的影响。这个阶段的宝宝，握笔姿势不太标准，手的力量也不太强，但并不影响他们享受运笔涂涂画画的过程。此时的宝宝，由于手部控制有限，容易画出纸面，是很正常的现象哦！

折纸

适宜年龄：3~8 岁

物品准备：手工纸

游戏目标：发展双手配合和手眼协调的能力

游戏方法：

1. 家长准备一张手工纸，或将纸剪成正方形，尽量不要有折痕。

2. 家长来示范，沿正方形的对称轴，边对边角对角地将纸进行对折，然后让孩子来试一试。

3. 再来试一试，沿正方形的对角线进行对折。

难度调节★★

难度提升：除基本的翻折外，还可以折出简单的形象，如将沿对角线对折后的正方形纸张，两边各向下折一部分，变成小狗的脑袋。让孩子用笔加上小狗的眼睛和嘴巴。

难度降低：引导孩子将纸从中间折起即可，或者先由家长折出一个浅浅的痕迹，再让孩子自己试一试。

游戏解读：纸在宝宝手部精细动作的发展中，会有很多用处哦！纸可撕、可团、可折，甚至笔、剪刀、胶水等操作的执行都离不开纸。纸的种类也有很多，不同的纸，可以为宝宝提供不同的触觉经验。

涂涂画画

适宜年龄： 2.5 岁以上

物品准备： 水彩笔、纸

游戏目标： 发展运笔和手眼协调的能力

游戏方法：

1. 家长准备一张白纸，用笔在纸上画一个大一些的圆形。

2. 让孩子用水彩笔在圆形内涂色。

3. 家长挨着大圆，再来画一个小一些的圆，再让孩子涂一涂，依次进行，要求尽量不涂出圆外。

难度调节★★

难度提升： 加入不同的颜色和指令吧，如“请宝宝给第三个圆涂上红色，第四个涂上绿色”。

难度降低： 给孩子准备一柄小的画刷，用刷子来将颜色涂在圆形中。

游戏解读： 虽然涂色的意思，宝宝逐渐就会明白，但由于对笔的运用和对手部的控制仍然较弱，他们很难在一定的轮廓中完整地涂色，做到既能够涂满又不超出轮廓。在这个过程中，宝宝会逐渐地理解轮廓的限制意义，学会对视觉空间的观察。

牙签的妙用

适宜年龄：3.5 岁以上

物品准备：爆米花、牙签

游戏目标：发展双手配合和手眼协调的能力

游戏方法：

1. 家长准备一些爆米花，以及剪掉两头较尖锐部分的牙签。

2. 家长示范用牙签将两颗爆米花一头一个扎起来，变成小“杠铃”，让孩子来试一试。

3. 家长示范用 4 根牙签将 4 颗爆米花扎起来，变成一个四边形，让孩子再来试一试。

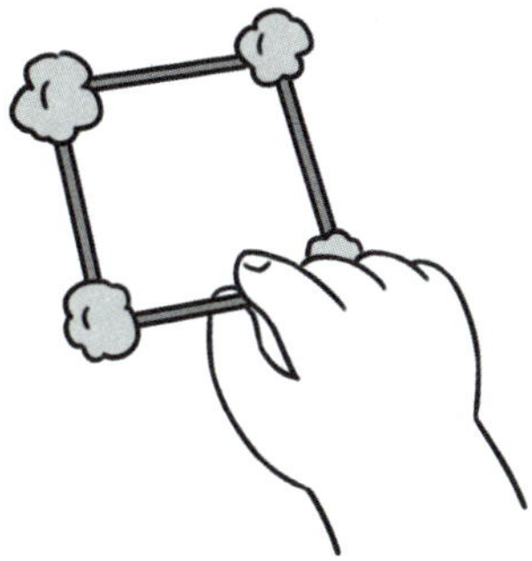

难度调节★★

难度提升：用牙签穿出一串冰糖葫芦吧，也可以再想想还有什么样的创意呢。

难度降低：将爆米花换成更容易扎的食物，如葡萄、黄瓜丁等。

游戏解读：在这个游戏中，牙签和小块的食物构成了一种自创的拼插积木。生活中的素材，往往可以替代孩子的一些玩具。要注意的是，使用牙签仍要小心，不要让孩子乱玩，以免弄伤自己。

穿珠

适宜年龄： 2~6 岁

物品准备： 穿珠玩具

游戏目标： 发展双手配合和手眼协调的能力

游戏方法：

1. 家长准备一套穿珠玩具，尽量选择一端有硬塑料、容易穿入的穿珠绳。

2. 家长示范一手执绳、一手执珠，及如何穿入的过程。

3. 让孩子自己来穿较大孔的珠子。

难度调节★★

难度提升： 换成小孔的珠子，或者家长提出一定的要求，如“请按照绿色、红色、黄色的顺序穿 3 颗珠子”。

难度降低： 家长准备一些环形的小糖圈或其他小零食，让宝宝将其穿到自己的手指上或筷子上。

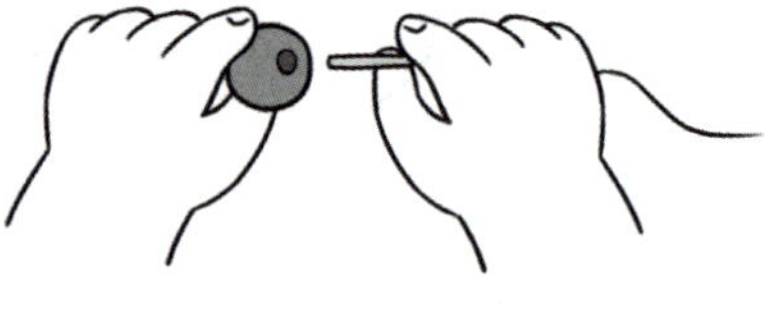

游戏解读： 穿珠游戏是手眼协调训练中非常经典的一个内容。宝宝看到了珠子的孔洞，是视觉的发展，但要把手中的绳子穿入这个孔洞，则需要手与眼的协调一致。珠子的大小、孔洞的大小、穿绳的软硬，均会对穿珠的难度产生影响。

剪刀我会用

适宜年龄： 2.5~6 岁

物品准备： 纸、笔、安全剪刀

游戏目标： 发展使用剪刀和手眼协调的能力

游戏方法：

1. 家长准备一张方形的纸，或将 A4 纸剪掉一半。

2. 家长在纸上画一个“太阳”，纸的中间画上一个圆形，将太阳的“光线”画在圆形四周，让每一条“光线”都可以到达纸的边缘。

3. 让孩子沿着“光线”来剪一剪，剪的时候不要剪到中间圆形的里面哦。

难度调节★★

难度提升： 家长可以在圆形上点出点，让孩子自己先来把“光线”画出来，再沿着“光线”剪一剪。

难度降低： 家长准备一些细的吸管，让孩子来剪成一段一段的。也可以在吸管上做好标记，让孩子按照标记来剪。

游戏解读： 不要限制孩子使用剪刀，只要选择安全型剪刀就不会有问题。陶瓷或塑料型的刀口，可以切得动纸，却不会伤到小宝宝。

画手

适宜年龄：2.5~5 岁

物品准备：纸、水彩笔

游戏目标：发展运笔和双手配合的能力

游戏方法：

1. 家长准备一张白纸，并将自己的手五指打开，平放在纸上。
2. 让孩子使用笔将家长的手沿着轮廓画下来。
3. 让孩子再来装饰一下画好的手，如画上指甲、手上的纹路等。

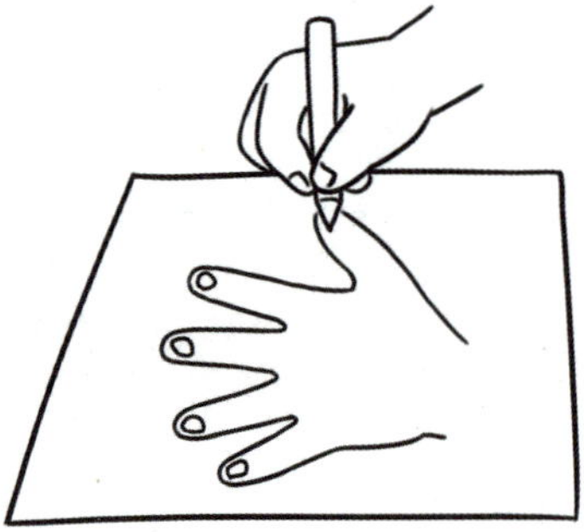

难度调节★★

难度提升：让宝宝自己用右手画左手的轮廓再来试一试。

难度降低：可以将水彩笔改为较为易拿的油画棒，也可以将家长的手替换为一个轮廓较为简单的小玩具或一个小碗来试一试。

游戏解读：握笔是一个比较典型的精细三指捏动作，在开始握笔写字、画画之前，家长可以引导孩子完成一些活动，如手指的放松游戏、手指按摩操等，以消除手部肌肉的紧张感。如何正确地握笔，家长也要给孩子适宜的指导。

小小起重机

适宜年龄： 3.5~5 岁

物品准备： 两把直尺、塑料小积木

游戏目标： 发展双手配合和手眼协调的能力

游戏方法：

1. 家长示范左右手各握一把直尺，将方形小积木夹起来的样子。

2. 让孩子自己来试一试。

3. 在远处放上一个容器，让孩子使用两把直尺，像起重机一样，将方形小积木依次运送过去并放入容器中。

难度调节★★

难度提升： 将塑料小积木换成稍有重量、不同形状的木质小积木来试试。

难度降低： 家长用报纸团出几个纸球，让孩子试着用两把直尺来运送纸球。

游戏解读： 这个游戏中，除了需要孩子双手能够很好地配合外，还需要协调整个上肢的力量和动作。直尺也可以改为其他的物品，如粗笔、乒乓球拍等。另外，还可以通过调整容器放置的远近、容器口的宽窄来变化难度。

手指有力量

适宜年龄： 4~6 岁

物品准备： 一把直尺

游戏目标： 发展手指肌肉力量

游戏方法：

1. 家长将直尺竖着放在桌面上。
2. 孩子左手中指、食指、拇指稍用力按在直尺上。
3. 家长尝试将孩子按好的直尺用手指抽出。

难度调节★★

难度提升： 孩子左手持按直尺，右手沿着直尺来画线。尝试左手控制直尺位置的移动，来画多条线。

难度降低： 家长用同样的方式来按直尺，孩子来抽。

游戏解读： 直尺是后期学习生活中经常使用的“文具”之一。很好地使用直尺，不仅要求手眼协调、视觉观察，还要求手指有一定的力量。如果固定尺子的手指力量不够，画线的时候，尺子位置就会偏移，画的线就会歪掉。建议在使用尺子前，进行适量的该活动。

撕出小蛇

适宜年龄： 4~6岁

物品准备： 一张纸，笔

游戏目标： 发展精细双手配合和协调能力

游戏方法：

1. 家长在一张纸上画出螺旋形的曲线图案，作为小蛇的身体。
2. 家长让孩子自己给小蛇画上眼睛，身上加上花纹。
3. 引导孩子沿着纸上画出的线来小心地撕一撕。

难度调节★★

难度提升： 选择更厚一些的纸，或者将两条曲线间距变小，都可以加强手指力量的练习。

难度降低： 将线条变粗，或者将螺旋形的图案改为直线，让孩子来撕。

游戏解读： 撕纸是宝宝从小就爱玩的一个游戏，只是最初的时候，他们是很随意地撕，享受的是运用自己的能力改变事物的过程。再大一些的时候，就可以加入一些设计的元素，既让撕纸的难度提升，又能够增加趣味，让孩子感受纸的千变万化。

妙妙手指操

适宜年龄： 2.5~6 岁

物品准备： 无

游戏目标： 发展手指的灵活性和协调性

游戏方法：

1. 家长选择一首和常见的小动物有关的儿歌，如《小狗小猫》。

2. 先来和孩子一起做一下小狗和小猫经典的动作，如“小狗”可以将手放在头上变成耳朵扇动，“小猫”则可以双手五指张开，像猫的胡须一样动一动。

3. 和孩子一起边做动作边唱儿歌，如“小小狗，汪汪汪，小小猫，喵喵喵。小狗小猫一起玩，汪汪汪，喵喵喵”。

难度调节★★

难度提升： 选择一首需要精细灵活的手指动作的儿歌，如关于花朵的儿歌。也可以选择需要灵活变换的内容，如“一支枪打4只鸟”。

难度降低： 可以选择与手有关的手指操进行，字面的意思即指手部的动作。如“小手拍一拍，小手甩一甩，小手举一举，小手藏起来”。

游戏解读： 手指操对于发展孩子的语言智能和手指精细动作很重要，同时有利于发展孩子的想象力和抽象思维能力。

第八章 家庭中的口腔肌肉动作训练

认识口腔肌肉动作

人一出生，不用经过学习，就能够完成几个反射行为了，比如觅食反射、吮吸反射、吞咽反射、抓握反射等，或者也可以说，婴儿一来到这个世界上，就已经具备了几个能够让自己完成进食和接受安慰，得以存活的几种能力了。其中，吮吸、吞咽反射都与宝宝的小嘴巴息息相关，甚至关系到生命的呼吸能力有时也需要小嘴巴的参与，更不用说后期用以辅助认知和思考的语言表达能力了。

所以，用以整合吮吸、吞咽、呼吸、说话等一系列功能的口腔肌肉，在儿童的发展过程中有着非常重要的作用。

涉及口腔肌肉的动作有多种，如果说吮吸是婴儿第一个未学即会的口肌动作的话，他们之后还会学习多种口腔动作，如吹、咬、咀嚼、撕、舔、说等。

口腔肌肉动作发展的意义

口腔肌肉动作的发展对于儿童发展的意义是非常明显的：

1. 便于孩子更好地咀嚼固体食物，有利于辅食的消化和吸收。

2. 有利于孩子清晰地咬字和发声。

3. 减少孩子因不愿吃硬质食物而形成挑食问题的概率。

4. 处于“口欲期”的宝宝能够更好地完成探索、顺利过渡，降低宝宝咬指甲、咬衣角等不良行为产生的概率。

5. 有利于宝宝更好控制口腔肌肉，减少流口水的情况等。

除此之外，口腔肌肉动作的发展，同样会对其他感觉系统的统合能力产生影响：

1. 吸吮的过程中，小嘴巴也会获得一定的触觉经验，让脑分泌丰富的血清激素，达到放松身体、舒展情绪的目的。

2. 吮吸和咀嚼的过程中，脸部和口腔肌肉的张力得以提升。

3. 有利于脸部表情的调节、视觉聚焦能力的提高。

口腔肌肉动作训练的主要方法

吸吮、吞咽、吹、咀嚼等动作的完成，以口腔肌肉的发展为前提，同时多次完成这些动作又会反过来促进口腔肌肉的发展。在口腔肌肉动作的训练中，也会以这些动作的练习为主要线索来进行。

此外，口腔肌肉动作训练根据其功能可分为四个方面：敏感度训练、咀嚼训练、吹气训练、吸吮强化训练。

◇敏感度训练

同触觉的感受性一样，宝宝口腔肌肉敏感度太高或太低，对他的发展都会产生不利的影响，尤其是在进食及发音方面。

如果宝宝经常流口水、不太能够感觉到有食物粘在嘴唇周围、咀嚼的时间较长，都说明宝宝口腔肌肉敏感度较低；而如果宝宝出现不喜欢毛巾擦脸或擦嘴、当食物放入口中会容易作呕、不喜欢刷牙时，则有可能是因为宝宝口腔肌肉敏度低太高造成的。

口肌敏感度训练，主要通过三种方法来进行：

1. 用不同触感、温感的物品来交替擦抹儿童的面部，面部的肌肉群和口肌动作的肌肉群会有一定的重合。面部肌肉的敏感度训练同样重要。

2. 口腔内外按摩。

3. 将不同温感、味道、质地的食物、果汁放在儿童口腔内的不同位置。

在进行口腔肌肉的敏感度训练时，通常用到以下物品：

1. 安全棉签。用来将不同味道的果汁、糊状食物涂抹在口腔周围的相应位置上。

2. 不同质感的毛巾。用来让宝宝在面部或唇部体验干湿、冷热、粗糙细腻等的不同触感。

3. 食物。软硬不同的食物，如硬糖和软糖等，味道各异的水果汁、蔬菜汁，如苦瓜汁、西瓜汁等，以帮助宝宝有相应的味觉体验，同时发展口腔肌肉能力。

◇咀嚼训练

宝宝在 5 个月大的时候，就会尝试着用牙肉和舌头去咀嚼食物，尽管他们有可能根本咬不动。约在 2 岁时，大部分的宝宝口肌功能慢慢成熟，开始能进食很多不同硬度、质地的食物。但要在 3 岁以后，有的宝宝甚至需要到 6 岁时，咀嚼动作才能够完全协调。

咀嚼动作发展不充分的孩子经常会出现如下的问题：

1. 吃东西很快，不能够充分咀嚼。

2. 经常将食物含在口中。

3. 食物咀嚼时间很久或经常停顿。

4. 只用一边的牙齿咀嚼。

5. 不喜欢吃较硬或大块的食物。

6. 容易噎住或呕吐等。

如果这样的情况持续发生，很容易引发消化不良、营养不良、便秘，甚至是吞咽障碍。在排除掉由生理原因造成的咀嚼困难后，可以通过进行口腔肌肉运动，来改善下颚和舌头的控制能力及力量，来最终达到提升咀嚼能力的目的。

在进行咀嚼训练时，通常会用到以下物品：

1. 蔬菜条。不同硬度的蔬菜条，可以帮助宝宝进行相应的咀嚼练习。

2. 镜子。宝宝可以从镜子中观察到食物在自己口中或脸部、唇部的位置。

3. 果酱或酸奶。用来训练宝宝对于舌头的控制力度。

◇吹气训练

要到 2 岁左右时，宝宝才能完成真正意义上的吹气动作，在此之前，很多宝宝做吹的动作时，气息在唇间是散开的。这是因为口腔末端的软腭必须有效地将鼻腔和口腔隔开，再加上下颚、面部及唇部肌肉的配合，才能将空气排出。

通常意义上，吹气动作完成不完善的孩子同时也会存在如下问题：

1. 说话有很重的鼻音。

2. 呼吸较为短促。

3. 说话时多次停顿来换气等。

这是因为吹气与发音的联系非常强，对吹气动作的训练其实也是对于说话清晰度的训练。

在进行吹气训练时，通常会用到以下物品：

1. 纸巾、乒乓球、纸张等。作为较初级的练习工具使用。

2. “吹”的玩具：泡泡、哨子、喇叭等。

3. 不同粗细、长度的吸管：作为气息集中释放的一个工具。

◇吸吮强化训练

吸吮反射虽然是宝宝一生下来就已经掌握的能力，但吸吮的力度和控制性仍然是有可提升的空间的。事实上，宝宝最起码也要到6个月以后，才会开始学会使用吸管喝水。而吸吮能力的高低与宝宝语音发展有着非常密切的联系，因为两者都要求嘴唇、下颚、舌头和口腔肌肉的协调配合，甚至需要用到一定的力量。

通过进行吸吮强化训练，既可以改善口腔肌肉的功能，也可以加强咀嚼能力，并最终达到提高发音清晰度的目的。

吸吮强化训练主要包括两个方面：

1. 嘴唇的力度。

2. 使用吸管吸吮的能力。

在进行吸吮强化训练时，最频繁使用到的便是不同长度、粗细、形状的吸管，可以让孩子使用不同吸管吸吮不同密度的食物，来强化他们的吸吮能力。

口腔肌肉动作家庭训练游戏

口腔肌肉动作家庭训练游戏，是孩子口腔肌肉与语言发展的小小推手。在趣味横生的游戏中，孩子们不仅锻炼了咀嚼、吞咽等基本口腔功能，还为清晰发音与流畅表达铺就了坚实的生理基础。

神奇肥皂泡

适宜年龄： 2~5 岁

物品准备： 吸管、安全可食用泡泡水、小碗

游戏目标： 提升口腔肌肉和气息的控制能力

游戏方法：

1. 家长为孩子调制一碗含有泡泡液的泡泡水。

2. 让孩子将吸管插在水中，通过吸管吹气，看看孩子能吹出多少泡泡。

3. 让孩子将吸管放在水面上，看看能否吹出水波。

难度调节★★

难度提升： 家长可以使用其他简易一些的泡泡吹具，让孩子自己吹出泡泡。

难度降低： 家长可以吹出泡泡，让孩子追视飘在空中的泡泡，并尝试着吹一吹。

游戏解读： 对于 2 岁左右的孩子而言，自己吹出泡泡还是比较困难的一件的事情。大部分情况下，在开始吹时，泡泡液形成的水膜就会破掉，这是孩子对于口肌和气息的控制能力欠佳导致的。降低难度的练习，会让孩子更加有信心参与其中，能力得到提升。

吹哨子

适宜年龄： 2~5 岁

物品准备： 哨子

游戏目标： 提升口腔肌肉和气息的控制能力

游戏方法：

1. 家长选择户外一个比较空阔、不太影响他人的场地。
2. 家长和孩子一人一个哨子。
3. 家长和孩子比赛，比一比谁吹的哨音比较长。

难度调节★★

难度提升： 家长有节奏地吹哨子，让孩子模仿家长不同的节奏。

难度降低： 对于不会吹哨子的孩子，可以让孩子观察家长吹哨子的方式，尝试自己吹出来声音即可。

游戏解读： 吹哨子与吹泡泡一样，都是帮助孩子更好地学会控制自己的口腔肌肉与气息。同时，由不会吹哨子，到吹出声音，孩子也会感受到成就感。如果孩子对于哨子的声音反应比较负面，家长也可以选择其他的用具，如玩具喇叭、儿童口琴等。

果泥吸吸吸

适宜年龄：3~5 岁

物品准备：吸管、果泥

游戏目标：提升口腔肌肉和气息的控制能力

游戏方法：

1. 家长用煮过的苹果或其他水果给孩子制作一份果泥。
2. 将果泥分出一小部分，让孩子自己来舔食。
3. 剩下的部分果泥，让孩子使用吸管来吸食。

难度调节★★

难度提升：家长可以选择更细一些或更长一些的吸管，让宝宝来吸食果泥。

难度降低：可以将果泥换成果汁或牛奶，让孩子来吸食。然后逐步地变化吸管的粗细或食物的密度，来增加难度。

游戏解读：果泥，比起果汁或牛奶，会更加浓稠，也更加难以吸食，这对于一部分口肌力量小、气息控制差的孩子会是一个比较大的挑战。同时，在吸吮的过程中，孩子能获得味觉刺激，嘴巴、舌头、喉咙的触觉经验也会提升。

舔果酱

适宜年龄： 2~5 岁

物品准备： 儿童食用果酱、小勺

游戏目标： 提升口腔肌肉和舌头的控制能力

游戏方法：

1. 家长选择孩子喜欢的一种口味的果酱。

2. 让孩子使用小勺将果酱自己挖出，并将小勺舔干净。

3. 家长使用小勺将果酱抹在宝宝上下嘴唇上，让宝宝自己伸出舌头来，将果酱舔干净。

难度调节★★

难度提升： 家长可以将果酱抹在孩子嘴唇的四周，让孩子舌头伸出一圈才能将果酱舔完。

难度降低： 家长可以利用酸奶来玩这个游戏，在揭开酸奶盖密封纸以后，让孩子将密封纸上的酸奶舔干净。

游戏解读： 小一些的宝宝在控制舌头时并不是很容易，他们虽然能感觉到嘴唇上有好吃的果酱，但往往的表现会是抬头而不是向上伸舌头，这个过程就是宝宝在协调自己的感觉，以更准确地控制自己的身体。在游戏过程中，也可以给宝宝一面镜子，让他自己来对比。

脸部按摩操

适宜年龄： 2~5 岁

物品准备： 无

游戏目标： 提升脸部肌肉感受能力和灵活性

游戏方法：

1. 家长来帮忙数拍子，孩子双手按压自己双频两个 8 拍。
2. 轻轻压住双频揉动两个 8 拍。
3. 轻轻捏动双腮两个 8 拍。
4. 食指、拇指轻弹双腮两个 8 拍。

难度调节★★

难度提升： 孩子闭嘴充气，将脸部鼓起，再慢慢地将气体从嘴巴放出。

难度降低： 家长来给孩子做脸部按摩，完成四个 8 拍。

游戏解读： 我们说话的时候、咀嚼的时候，面部的肌肉都在参与，与其他的器官共同完成发声和进食的过程。通过面部肌肉的主动、被动锻炼，可以有效地提升孩子在这两个方面的能力。

报名字

适宜年龄：3~7 岁

物品准备：无

游戏目标：提升口肌和气息的控制力

游戏方法：

1. 家长先来说一串小动物的名称，如：小兔、小鸭、小鹅、小猫、小狗、小青蛙。

2. 引导孩子先按顺序说一说这些小动物的名称。

3. 在熟练以后，让孩子尝试加快速度很快地报出一串名字。

北京 上海 天津 大同 太原 武汉 长沙 重庆

难度调节★★

难度提升：家长可以增加报的物品名称的数量，如由 6 个增加至 8 个，也可以变成小朋友不是很熟悉的名词，如菜名、城市名等。

难度降低：可以让孩子假装来报名字，只动嘴巴不发声，来练习对气息的控制。

游戏解读：有一些小朋友说话会有多次停顿，需要换气才能完成较长语句的表达。这个游戏，既是帮助孩子对气息停止进行判断，也是对气息控制的训练。不需要任何物品的活动，适宜在任何空闲的场合开展哦！

小嘴巴来画画

适宜年龄： 2~7 岁

物品准备： 纸、深色的饮料、吸管

游戏目标： 锻炼吹气的能力和嘴唇的力度

游戏方法：

1. 家长选择一种深色的饮料，如巧克力奶、葡萄汁等。
2. 把饮料滴几滴至白色的纸上。
3. 让孩子用吸管把饮料滴吹分开，吹成一幅画。

难度调节★★

难度提升： 家长可以先在纸上画一个闭合的图形，如一个苹果。将饮料滴在苹果图形中，让孩子用吸管将苹果图吹满。

难度降低： 孩子直接用嘴吹滴在白纸上的饮料滴，不使用吸管。

游戏解读： 使用深色饮料的原因，是防止小宝宝在游戏的过程中将颜料反吸入口中，也可以用儿童专用的安全型颜料进行替换。在孩子用吸管吹画的过程中，家长需要不断地滴入饮料，以保证孩子作品的完成度。

食物运送

适宜年龄： 3~6 岁

物品准备： 糖果

游戏目标： 加强舌头向左右移动的能力

游戏方法：

1. 家长选择直径约为 1 厘米的圆形糖果。

2. 家长将糖果放在孩子一边的大牙上，让孩子咬紧且不咬碎。

3. 家长数 5 个数，让孩子用舌头将糖果从一边的大牙运送到另一边的大牙上。

难度调节★★

难度提升： 家长将糖果换成软胶糖，让孩子将糖果咬合在大牙上，完成运送但同时仍不咬碎糖果。

难度降低： 可以选择一些较硬的食物，让孩子多加咀嚼。

游戏解读： 做这个游戏时，在完成 2~3 次之后，就可以将糖果作为奖励让孩子吃掉。如果家长觉得孩子不宜吃太多糖果，可以选择替换为其他小块的食物。咬紧食物、舌头运送的过程，也是在加强孩子下颚的稳定性和协调能力。

舌头指头对对碰

适宜年龄：2~6 岁

物品准备：无

游戏目标：加强舌头的力度，以及面部肌肉的敏感度

游戏方法：

1. 家长用口红在孩子的面颊上且孩子的舌头在口腔内能伸到的任意位置点上一个红点。

2. 给孩子一面镜子，让他观察一下。

3. 让孩子尽量将舌头移动到红点的位置，并将之顶起。

难度调节★★

难度提升：家长可要求孩子的舌头在找到准确的位置以后，多停留几秒钟。

难度降低：家长将一根手指轻轻地点在孩子的面颊上，让孩子在口腔内伸舌头去寻找这个位置。

游戏解读：在这个游戏中，家长也可以加上一些创意，让整个过程有趣起来，如在手指上粘一个孩子喜欢的小贴纸，如小仙女，然后问孩子："漂亮的小仙女给你一个飞吻，你能用舌头找到这个位置吗？"

停在哪里了呢

适宜年龄： 2~6 岁

物品准备： 眼罩、小一些的海绵块

游戏目标： 调节面部及口部肌肉的敏感度

游戏方法：

1. 家长告诉孩子，海绵块是一辆汽车，小汽车要在孩子的身体上开一开。

2. 让孩子闭上眼睛或戴上眼罩，让海绵块小汽车先停在孩子的掌心。

3. 海绵块小汽车从孩子掌心开始沿着手臂、肩膀，来到面部，在孩子嘴唇上和周围开一开，然后在一个地方停下来。

4. 拿掉海绵块，让孩子指出来小汽车最后停在了哪里。

难度调节★★

难度提升： 家长可以用不同的物品来代替海绵块，如更粗糙的海绵擦，或更柔软的棉花等。

难度降低： 家长可以让孩子睁着眼睛，让海绵块稳定、慢速地在孩子身上开一开。

游戏解读： 在这个游戏中，家长可以改变力度和行驶速度，从而提升孩子对于物品触觉的感受度。

留下唇印

适宜年龄： 2~6 岁

物品准备： 白纸、镜子、安全口红

游戏目标： 提升唇部肌肉的控制能力

游戏方法：

1. 家长给孩子嘴唇薄薄地涂一层口红。
2. 给孩子一张白纸，让他在白纸上印下唇印。
3. 可以要求孩子在已经印好唇印的位置，再印上一层唇印。

难度调节★★

难度提升： 家长可要求孩子用嘴唇印出一个有意义的形象，如花朵、蝴蝶等。

难度降低： 小一些的宝宝，家长可给他一面镜子，并擦拭干净镜面。让孩子照着镜子，在镜子上印出唇印。

游戏解读： 涂口红的过程，可以观察孩子唇部皮肤的触觉敏感性，而印下唇印的过程，则是主要考验孩子唇部肌肉的控制力，噘起嘴唇能帮助孩子发展嘴唇和脸颊的肌肉。这个游戏对于一直流口水的宝宝会很有帮助。

做鬼脸

适宜年龄： 3~6 岁

物品准备： 镜子

游戏目标： 提升面部肌肉和舌头的控制能力

游戏方法：

1. 家长做一些充分调动面部肌肉的“鬼脸”，让孩子来模仿。

2. 舌头伸出来，尝试向上够鼻子或尝试向下够下巴，让舌头尽可能得到伸展。

3. 慢慢地将舌头向前伸，然后很快将舌头缩回来。

4. 鼓起脸颊，然后再放松，重复几次。

难度调节★★

难度提升： 家长告诉孩子一个情景，然后让他对着镜子模仿出来。如“天黑了，小熊很害怕，夸张地模仿一下他的脸吧！”。

难度降低： 家长可以给孩子一面镜子，让他对着镜子做出各种各样的鬼脸。

游戏解读： 做鬼脸的过程中，孩子需要调动嘴唇、面颊和舌头，才能最终达成几个部位协调合作的结果，所以这个过程，可以有效帮助孩子改善口腔运动技能，从而提升孩子发音说话的能力。

咬紧不放

适宜年龄： 3~6 岁

物品准备： 干净的雪糕棒（或细长的橡皮糖）

游戏目标： 提升牙齿的咬合力

游戏方法：

1. 家长将扁平的雪糕棒平置于孩子的下排门牙上，从口部的两端延伸出来。

2. 让孩子自然地咬合雪糕棒，不用太用力。

3. 家长轻轻地拉动雪糕棒的两端，轻轻地向外拉，以孩子能咬住为宜。

难度调节★★

难度提升： 给孩子选择一些橡皮糖和口香糖吃，但要注意吃的量不宜太多，咀嚼的时间不宜太长。

难度降低： 家长将扁平的牙胶棒或雪糕棒放在孩子两端的大牙上，让孩子咬住后，以同样的方式轻轻拉动。

游戏解读： 提升牙齿的咬合力，也是为了提升孩子的咀嚼能力。在咬合的过程中，孩子会自然而然地调整自己咬合的位置与力度。同时要注意的是，家长拉动的力度不要太大或太猛，以免伤到孩子的牙关。

吹掉坏心情

适宜年龄：3~6 岁

物品准备：气球若干

游戏目标：提升吹气的能力

游戏方法：

1. 家长带一些未吹起的气球，和孩子一起来到户外。

2. 问一问孩子，有什么不开心的事情或烦恼，都用力吹进气球里。

3. 家长帮助孩子将吹好的气球打结，让孩子自己用力将气球拍飞或踩爆。

难度调节★★

难度提升：家长可以尝试让孩子咀嚼泡泡糖并吹出泡泡。

难度降低：如果孩子还不能很好地吹起气球，可用纸袋代替，将气在户外放出即可。

游戏解读：在吹气训练中，气球也是一种很重要的工具，除了上面的方式外，还可以让孩子抓住已吹起未结紧的气球，体验里面的气体慢慢地在皮肤上放掉的感觉。同时，深深地吸气和呼气，对于调节孩子的呼吸系统也非常有帮助。

扑克牌吹吹吹

适宜年龄： 2~6 岁

物品准备： 杯子、餐巾纸、扑克牌若干

游戏目标： 提升吹气的能力

游戏方法：

1. 家长在桌上放一个杯子，并在其上放一张餐巾纸。
2. 让孩子自己吹气将杯子上的餐巾纸吹下来。
3. 家长将餐巾纸替换成扑克牌，让孩子再来吹一吹。

难度调节★★

难度提升： 家长可以准备几个杯子，在每个杯子上放一张扑克牌。看孩子能够连续吹掉几张扑克牌。

难度降低： 如果孩子还不能很好地吹餐巾纸或扑克牌，家长还可以让孩子来吹一吹纸风车。

游戏解读： 单纯地练习吹气，会让孩子觉得无趣和乏味。加上一些小道具，将其变成一个孩子自己能判断成功与否的小任务，就会趣味无限。吹气的过程，能强化呼吸系统功能，同时有目标地进行吹气，也是嘴、眼协调的过程。

我是牧羊人

适宜年龄： 4岁以上

物品准备： 棉花球、吸管、水彩笔

游戏目标： 提升吹气和吸气的能力

游戏方法：

1. 家长准备6个棉花球，用不同颜色的水彩笔将棉花球"小羊"分为两个队伍。

2. 让所有的小羊都待在同一起跑线上。

3. 家长和孩子各选一队小羊，用吸管将自己队的所有小羊吹至目标位置，学着牧羊人来赶一赶，看看谁最先完成。

难度调节★★

难度提升： 家长可以让孩子用吸管将小羊吸起来，放在目标位置，学牧羊人抱着小羊回"羊圈"。

难度降低： 将细管换成稍微粗一些的吸管，让孩子再来试一试。

游戏解读： 吹气活动会使孩子双眼的视线分离，拓展孩子的视觉范围，而吸气活动则使双眼视线集中，使近距离的事物看起来更加清晰，这个游戏不仅仅是发展孩子的呼吸系统功能，对于他的视觉发展也有重要的意义。

吸起来，放起来

适宜年龄： 4岁以上

物品准备： 手工纸、吸管、容器

游戏目标： 提升吸气的能力

游戏方法：

1. 家长将手工纸裁剪至便签纸的大小，散放在桌子上。

2. 让孩子自己用吹管将裁剪好的纸张吸起来，在空中坚持3秒。

3. 孩子将吸起来的纸张放入容器中。

难度调节★★

难度提升： 要求孩子用吸管将吸起来的手工纸放入容器中的固定位置，且依次摆放好。

难度降低： 如果孩子还不能很好地吸起手工纸，家长可以将纸裁剪得更小，但要注意，一定要大于吸管的口径哦。

游戏解读： 纸的大小决定了它的重量，越重的物品，吸起来的时候越难。在游戏中，家长可以让孩子用嘴直接吸起纸张，运送到某一个位置，也可以让孩子去吸起一些立体而轻质的物品，如棉花球、毛球等，但要注意物品的大小要超过吸管的口径。

吹吹赶赶

适宜年龄： 3~6 岁

物品准备： 乒乓球、吸管、杯子

游戏目标： 提升口腔肌肉控制能力

游戏方法：

1. 在桌面上放一个乒乓球，让孩子自己来随意吹一吹。

2. 家长将一个杯子放倒后放在桌面上，变成一个球门，让宝宝自己试着用嘴将放在任意位置的乒乓球吹入杯子中。

3. 家长给孩子一根吸管，孩子再次尝试使用吸管将乒乓球吹入侧放的杯子中。

难度调节★★

难度提升： 家长可以根据宝宝的能力，将乒乓球放置在距离杯口不同的位置。对于操作熟练的孩子，甚至可以将乒乓球放在杯子的后面，让宝宝吹着乒乓球绕一个圈吹进杯中。

难度降低： 家长可以使用一些大的物品，如盒子等将桌子遮挡出一块区域，让乒乓球在有限的范围内活动。

游戏解读： 吹气游戏对于宝宝后期更有效地咀嚼食物、说话发音，甚至是视觉注视的集中都会产生影响。

大风吹

适宜年龄： 3~6 岁

物品准备： 餐巾纸、水

游戏目标： 提升吹气的力度，加强下颚的稳定性

游戏方法：

1. 家长和孩子靠墙坐好，游戏过程中，后脑勺尽量不离开墙。

2. 找一张餐巾纸，在其中的一个角位沾上少量水。

3. 把沾上水的纸巾贴到额头上。家长和孩子比一比，看谁能先把纸巾吹掉。

难度调节★★

难度提升： 家长可以把纸巾撕成几条宽约 5 厘米的条状，再来试一试。

难度降低： 家长可以将纸巾放在桌面上，让孩子先来吹一吹。

游戏解读： 游戏中，之所以要靠墙头不能离开，是为了保证孩子在用力时，是吹气用力而不是全身用力。较窄的纸条，因为面积较小，会比较难吹到，反而会更加有难度。同时沾上更多水，也可以增加难度。